高等职业教育(专科)“十三五”规划教材



# 园林工程计价与招投标操作

李艳萍　张义勇　主编

中国农业大学出版社
·北京·

## 内 容 简 介

本书主要依据现行《建设工程工程量清单计价规范》、河北省现行的园林工程定额编写。全书共分两部分，第一部分，编制一套完整的园林工程投标书，包括投标准备、编制商务标、编制技术标、开标评标定标、签订施工合同五个项目；第二部分，定额与清单工程量计算涉及的8个案例一图一算详解，包括第一部分没有涉及的造园要素工程量计算。

本教材内容丰富，资料真实、翔实，还配有大量的工程案例图片于光盘随书赠送，是高职高专院校园林工程技术专业的系列教材之一，也可作为工程造价等专业的参考书及工程造价管理人员、企业管理人员学习编制园林工程造价的参考资料。

**图书在版编目(CIP)数据**

园林工程计价与招投标操作 / 李艳萍，张义勇主编. —北京 ：中国农业大学出版社，2019.2

ISBN 978-7-5655-2176-8

Ⅰ.①园… Ⅱ.①李…②张… Ⅲ.①园林—工程造价—高等职业教育—教材②园林—工程施工—招标—高等职业教育—教材③园林—工程施工—投标—高等职业教育—教材 Ⅳ.①TU986.3

中国版本图书馆CIP数据核字(2019)第041681号

**书　名** 园林工程计价与招投标操作

**作　者** 李艳萍　张义勇　主编

**策划编辑** 康昊婷　　**责任编辑** 姚慧敏

**封面设计** 郑　川

**出版发行** 中国农业大学出版社

**社　址** 北京市海淀区圆明园西路2号　　**邮政编码** 100193

**电　话** 发行部 010-62818525,8625　　读者服务部 010-62732336

编辑部 010-62732617,2618　　出　版　部 010-62733440

**网　址** http://www.caupress.cn　　**E-mail** cbsszs @ cau.edu.cn

**经　销** 新华书店

**印　刷** 涿州市星河印刷有限公司

**版　次** 2019年2月第1版　2019年2月第1次印刷

**规　格** 787×1 092　16开本　10.5印张　260千字

**定　价** 34.00元

# 编审人员


主　编　李艳萍　河北旅游职业学院

　　　　张义勇　河北旅游职业学院

副主编　许克涛　北京碧海怡景园林绿化有限公司

　　　　姚飞飞　河北旅游职业学院

　　　　魏立群　河北旅游职业学院

　　　　万玉玲　阜蒙县职业中专

参　编　凌坤国　北京碧海怡景园林绿化有限公司

　　　　贾红星　北京碧海怡景园林绿化有限公司

　　　　王丽娟　河北旅游职业学院

　　　　孙明武　河北旅游职业学院

　　　　高健丽　河北旅游职业学院

　　　　谷庆芳　河北旅游职业学院

　　　　万良磊　河北旅游职业学院

　　　　石　佳　河北旅游职业学院

　　　　张　赫　兴隆县住房与城乡规划建设局

　　　　吴　昊　河北旅游职业学院

　　　　张丽娟　河北旅游职业学院

主　审　张　涛　河北农业大学

# 前言

《园林工程计价与招投标操作》是校企合作编写的园林工程专业的实训教材，教材具有科学性、实践性、综合性强的特点，对培养学生专业技能具有举足轻重的作用。本教材具有如下特点：

**1.教材内容的实践性和针对性强**

教材中项目的选取完全来自北京碧海怡景园林绿化有限公司已完成的工程，辅以丰富的施工图作为案例，工程包含园林的四大要素，突出针对性和实用性。教材内容与工作岗位对专业人才的知识要求、技能要求结合起来，将范例教学提升到重要位置，构建“理论—范例模仿—重点训练”三位一体的教材组织结构。

在内容阐述中，充分体现工作过程的导向性，层次清晰，图表应用丰富、图文并重。在任务驱动下，使学生在真实的工作过程“读图—算量—套定额—取费计价”中学习。

**2.突出项目实施过程**

根据园林工程项目的投标过程，按照投标准备—编制商务标—编制技术标—开标、评标、定标—签订施工合同的主线，构建教材的整体框架，突出施工图识读、审核、算量、计价等职业能力的培养。

将一套独立完整的园林工程划分为若干个项目，每个项目下包含若干任务。在每个任务的实施过程中，理解任务的目标要求，掌握其理论知识和学习的技巧与方法，提高学生的应用能力。

**3.突出计价过程的重点和难点问题**

在教材的第一部分完整投标书的编制中没有涉及的园林造园要素园桥、单体建筑、建筑小品，在教材第二部分定额与清单工程量计算案例详解中配有一图一解详细的计算过程和解析，以解决工程计价的重点和难点问题。

本书由李艳萍、张义勇主编，许克涛、姚飞飞、魏立群、万玉玲副主编，李艳萍、吴昊负责全书统稿。凌坤国、贾红星、王丽娟、孙明武、谷庆芳、高健丽、石佳、万良磊、张赫、张丽娟参编。具体编写分工为：项目一、项目二中的任务 5、任务 6、任务 7 由李艳萍编写，项目二中的任务 8 由姚飞飞编写，项目二中的任务 9、任务 10、第二部分案例一由王丽娟编写，项目三由魏立群编写，项目四由张义勇编写，项目五由孙明武编写，第二部分案例二至案例六由贾红星编写，第二部分案例七、案例八由凌坤国编写，万良磊、石佳、张赫修改、排版全书的施工图，高健丽、谷庆芳、张丽娟复核工程量，许克涛、吴昊、万玉玲核对书稿。河北农业大学硕士生导师张涛教授担任主审，对本书进行细致的审阅，并提出了中肯的意见。

本书的编写参阅和借鉴了北京碧海怡景园林绿化有限公司凌坤国和李翠平提供的图纸、报价信息等资料，在此对资料收集人员表示衷心的感谢。限于编者水平有限，书中不妥之处在所难免，恳请各位同仁和读者批评指正。

**编　者**

2018 年 10 月

# 目　录

## 第一部分　完整投标书的编制

## 第二部分 定额与清单工程量计算案例详解

# 第一部分　完整投标书的编制

项目一　投标准备

项目二　编制商务标

项目三　编制技术标

项目四　开标、评标、定标

项目五　签订施工合同

# 项目一　投标准备

## 任务1　投标报名

### 一、投标程序

报名参加投标──→办理资格预审──→取得招标文件──→研究招标文件──→调查招标环境──→确定投标策略──→制订施工方案──→编制标书──→报送标书。

### 二、网上投标报名操作流程

通过招投标网建立企业信息档案──→领取企业IKEY──→登录招投标信息网──→在“招标工程”栏目中找到要投标的项目，点击“投标报名”按钮──→通过建设银行网上银行支付项目网络使用费──→打印投标报名回执──→通过报名号下载招标清单等文件──→投标递交标书的同时提供报名号，以便验证。

### 三、投标人在投标前应做好三项准备工作

1.信息查证工作

信息查证是投标的前提，在现实工程招标投标过程中，也出现了一些恶劣的、道德败坏的行为，以及坑蒙拐骗、敲诈勒索的现象，特别是贩卖假信息、搞假发包的现象更是令人防不胜防。作为投标企业，在决定投标之前，必须有冷静的头脑，认真分析所获得的信息的真实性。要弄清信息的真实性并非困难，只要投标企业与工程发包单位直接见面，证实发包项目确有立项批准书和资金落实证明材料即可。这需要切记的是不能听任中间人的摆布，更不能以先付一些资金为代价，换取查阅有关资料的做法。凡政府工程的发包项目，都必须先获得立项批准并落实了资金后方可获准招标。

2.投标人对建设单位做必要的调查

对建设单位的调查了解，是工程资金能否回收的前提。一些建设单位凭借工程发包的权

利，蛮不讲理，长期拖欠工程款，致使承包企业不但不能获取利润，且连成本都无法回收。还有些建设单位的工程负责人向承包企业索要回扣，致使承包企业苦不堪言。违反原则做交易也是当前腐败现象之一，一些人借管理工程的权力之便，随心所欲，贪得无厌。作为工程承包企业，不能只满足于获取项目，必须对实施项目的利弊进行认真评估，因为获取项目只能说是获得可能赢利的机会，但不可否认，这种机会同样极有可能成为使承包商蒙受损失的陷阱，因为利润从来就是与风险并存。

3. 投标人成立投标工作机构

信息一旦已经核实，且建设单位资信可靠，基本上可以排除资金不到位的风险，然后施工企业方可做出投标决定。为了确保在投标竞争中获胜，施工企业必须精心挑选精干且富有经验的人员组成投标工作机构。该工作机构应能及时掌握市场动态，了解价格行情，能基本判断拟投标项目的竞争情况，注意收集和积累有关资料，熟悉工程招标投标的基本程序，认真研究招标和图纸，善于运用竞争策略，能针对具体项目的各种特点，制定出恰当的投标报价策略。投标工作机构应由三种人员组成：一是决策人，常由部门经理或副经理担任，也可由总经济师负责，其主要责任是对技术人员所做的投标分析进行决策；二是技术负责人，可由总工程师或工程师担任，其主要责任是制定施工方案和各种技术措施；三是投标报价人员，由经营部门的主管技术人员、预算人员负责。此外，物资供应、财务计划等部门也应积极配合，特别是在提供价格行情、工资标准、费用开支及有关成本费用等方面予以大力协助。

投标机构的人员应精干、富有经验且受过良好培训，有熟悉的投标技巧和较强的应变能力。这些人应渠道广、信息灵、工作认真、纪律性强，尤其应对公司绝对忠诚。投标机构的人员不宜过多，特别是最后决策阶段，参与的人数应严格控制，以确保投标报价的机密。

## 任务 2　资格预审

采用资格预审的招标项目，应向潜在投标人提出资格预审文件。

资格预审投标文件包括：

①营业执照：组织机构代码证，税务登记号。

②资质情况：经营、生产许可证，质量认证证书，资格（资质）等级。

③业绩情况：尤其是同类业绩清单，用户评价。

④银行资信证明：近三年财务报表。

⑤企业介绍：人员、组织机构、生产检测装备、管理体系，售后服务措施和手段。

⑥荣誉情况：获奖证书。

⑦投标人的质量、服务承诺，项目负责人和项目团队介绍。

⑧其他材料。

## 任务3 投标策略

投标策略是指承包商在投标竞争中的系统工作部署及其参与投标竞争的方式和手段。投标策略作为投标取胜的方式、手段和艺术，贯穿于投标竞争的始终，内容十分丰富。常用的投标策略主要有以下9项：

1.根据招标项目的不同特点采用不同报价

投标报价时，既要考虑自身的优势和劣势，也要分析招标项目的特点。按照工程项目的不同特点、类别、施工条件等来选择报价策略。

2.不平衡报价法

不平衡报价法是指一个工程项目总报价基本确定后，通过调整内部各个项目的报价，以期既不提高总报价、不影响中标，又能在结算时得到更理想的经济效益。

3.计日工单价的报价

如果是单纯报计日工单价，而且不计入总价中，可以报高些，以便在业主额外用工或使用施工机械时可多盈利。但如果计日工单价要计入总报价时，则需具体分析是否报高价，以免抬高总报价。总之，要分析业主在开工后可能使用的计日工数量，再来确定报价方案。

4.可供选择的项目的报价

有些工程项目的分项工程，业主可能要求按某一方案报价，而后再提供几种可供选择方案的比较报价。对于将来有可能被选择使用的材料应适当提高其报价；对于当地难以供货的某些材料，可将价格抬高得更多一些。但是，所谓“可供选择项目”并非由承包商任意选择，而是业主才有权进行选择。因此，虽然适当提高了可供选择项目的报价，并不意味着肯定可以取得较好的利润，只是提供了一种可能性，一旦业主今后选用，承包商即可得到额外加价的利益。

5.暂定工程量的报价

暂定工程量有3种：第一种，是业主规定了暂定工程量的分项内容和暂定总价款，并规定所有投标人都必须在总报价中加入这笔固定金额，但由于分项工程量不很准确，允许将来按投标人所报单价和实际完成的工程量付款；第二种，是业主列出了暂定工程量的项目的数量，但并没有限制这些工程量的估价，要求投标人既列出单价，也应按暂定项目的数量计算总价，将来结算付款时可按实际完成的工程量和所报单价支付；第三种，是只有暂定工程的一笔固定总金额，将来这笔金额做什么用，由业主确定。第一种情况，由于暂定总价款是固定的，对各投标人的总报价水平竞争力没有任何影响，因此，投标时应当对暂定工程量的单价适当提高。这样做，既不会因今后工程量变更而吃亏，也不会削弱投标报价的竞争力。第二种情况，投标人必须慎重考虑。如果单价定得高了，同其他工程量计价一样，将会增大总报价，影响投标报价的竞争力；如果单价定得低了，将来这类工程量增大，将会影响收益。一般来说，这类工程量可以采用正常价格。如果承包商估计今后实际工程量会增大，则可适当提高单价，将来可增加额外收益。第三种情况对投标竞争没有实际意义，按招标文件要求将规定的暂定款列入总报价即可。

6.多方案报价法

对于一些招标文件，如果发现工程范围不很明确，条款不清楚或很不公正，或技术规范要求过于苛刻时，则要在充分估计投标风险的基础上，按多方案报价法处理。即先按原招标文件报一个价，然后再提出，如某某条款做某些变动，报价可降低多少，由此再报出一个较低的价。这样，可以降低总价，吸引业主。

7. 增加建议方案

有时招标文件中规定，可以提一个建议方案，即可以修改原设计方案，提出投标者的方案。投标者这时应抓住机会，组织一批有经验的设计和施工工程师，对原招标文件的设计和施工方案仔细研究，提出更为合理的方案以吸引业主，促进自己的方案中标。这种新建议方案可以降低总造价或是缩短工期，或使工程运用更为合理。但要注意对原招标方案一定也要报价。建议方案不要写得太具体，要保留方案的技术关键，防止业主将此方案交给其他承包商。同时要强调的是，建议方案一定要比较成熟，有很好的可操作性。

8. 分包商报价的采用

由于现代工程的综合性和复杂性，总承包商不可能将全部工程内容完全独家包揽，特别是有些专业性较强的工程内容，需分包给其他专业工程公司施工，还有些招标项目，业主规定某些工程内容必须由其指定的几家分包商承担。因此，总承包商通常应在投标前先取得分包商的报价，并增加总承包商摊入的一定的管理费，而后作为自己投标总价的一个组成部分一并列入报价单中。这种把分包商的利益同投标人捆在一起的做法，不但可以防止分包商事后反悔和涨价，还可能迫使分包时报出较合理的价格，以便共同争取得标。

9. 无利润算标

缺乏竞争优势的承包商，在不得已的情况下，只好在投标报价中根本不考虑利润。这种办法一般是处于以下条件时采用：

(1)有可能在得标后，将大部分工程分包给索价较低的一些分包商；

(2)对于分期建设的项目，先以低价获得首期工程，而后赢得机会创造第二期工程中的竞争优势，并在以后的实施中赚得利润；

(3)较长时期内，承包商没有在建的工程项目，如果再不得标，就难以维持生存。因此，虽然本工程无利可图，只要能有一定的管理费维持公司的日常运转，就可设法渡过暂时的困难，以图将来东山再起。

## 任务4 投标准备

### 一、研究招标文件

资格预审合格，取得了招标文件，即进入投标实战的准备阶段。首要的准备工作是仔细认真地研究招标文件，充分了解其内容和要求，以便安排投标工作的部署，并发现应提请招标单位予以澄清的疑点。研究招标文件的着重点，通常注意以下几方面：

①研究工程综合说明，借以获得对工程全貌的轮廓性了解。

②熟悉并详细研究设计图纸和规范(技术说明)，目的在于弄清工程的技术细节和具体要

求，使制订施工方案和报价有确切的依据。为此，要详细了解设计规定的各部位做法和对材料品种规格的要求；对整个建筑物及其各部件的尺寸，各种图纸之间的关系（建筑图与结构图，平面、立面与剖面图，设备图与建筑图、结构图的关系等）都要吃透，发现不清楚或互相矛盾之处，要提请招标单位解释或订正。

③研究合同主要条款，明确中标后应承担的义务和责任及应享有的权利，重点是承包方式、开竣工时间及工期奖罚、材料供应及价款结算办法、预付款的支付和工程款结算办法、工程变更及停工、窝工损失处理办法等。对于国际招标的工程项目，还应研究支付工程款所用的货币种类、不同货币所占比例及汇率。因这些因素或者关系到施工方案的安排，或者关系到资金的周转，最终都会反映在标价上，所以都须认真研究，以利于减少或避免风险。

④熟悉投标须知，明确了解在投标过程中，投标单位应在什么时间做什么事和不允许做什么事，目的在于提高效率，避免造成废标，徒劳无功。

⑤审读价格条件，应基于技术与质量规格、合同内容等审读价格条件，并找出写价格条件紧密联系的条款，为投标报价做准备。价格条件涉及劳保费费率，不可竞争费的范围等。对于固定低价招标法，投标报价虽固定统一，但仍需确认其风险因素的范围，例如钢材、水泥等建材价格上涨至什么程度才超出原规定的承包风险范围。

全面研究了招标文件，对工程本身和招标单位的要求有了基本的了解之后，投标单位才便于制订自己的投标工作计划，以争取中标为目标，有秩序地开展工作。

## 二、踏勘招标环境

报价之前通过踏勘现场，查阅相关资料及通过市场调研等途径，尽可能地了解清楚。

①招标文件发出后，招标人要在招标文件规定的时间内，组织投标人踏勘现场，了解工程现场和周围环境情况并对潜在投标人针对招标文件及现场提出的问题进行研究答疑。

②无论投标人是否踏勘过现场，均被认为在递交投标文件之前已踏勘现场，对本合同项目的风险和义务已经十分了解，并在其投标文件中已充分考虑了现场和环境条件。

③投标人踏勘探现场发生的费用自理。除投标人的原因外，投标人自行负责在踏勘现场中所发生的人员伤亡和财产损失。

④招标人在踏勘现场中介绍的工程场地和相关的周边环境情况，供投标人在编制投标文件时参考，招标人不对投标人据此做出的决策负责。

## 三、图纸和工程量清单审核

投标单位拿到招标文件时，要根据投标文件的要求，对照图纸、对照招标文件上提供的工程量清单进行认真审查。

1.根据招标文件的具体要求，对其他项目清单的内容进行审查

认真研究招标文件是投标单位如何争取中标的第一要素。有的工程工程量清单上要求增加的内容、技术要求与招标文件上的要求不统一，通过审查和澄清，将此统一起来。对出现的其他项目清单中的暂估价、暂列金额、计日工、总承包服务费一定要根据企业自身的管理水平及施工经验做出具体的分析和结论，为将来发生的索赔、现场签证等确认的费用做个伏笔，报

价时可以适当降低这些费用。

2.找专业人员分专业对施工图进行工程量的数量审查

目前在许多投标过程中，一是投标单位多数认为工程量清单有无问题是招标单位的问题，若招标文件上要求投标单位审查工程量清单，你没有审查，则清单编制有问题，投标单位自行负责；二是由于时间紧，一般公开招标只有一周时间审查工程量；三是投标单位不愿意花钱找多个专业人员对施工图进行工程量的数量审查，也许是认为花钱起不了大作用；四是分专业审查，因为工程造价是一个大的综合专业，要根据图纸的专业如建筑及结构、电气设备及照明、给排水及消防系统、通风空调、弱电工程（综合布线、广播电视系统、消防报警系统、安全防范系统等），这些专业有各自规范和标准，不只是简单的图纸上量管线长度就行了。所以要求分专业对施工图进行工程量的数量审查。

3.根据图纸说明和各种选用规范对工程量清单的内容进行审查

清单项目一般以一个综合实体考虑，包括了较多的工程内容，计价时，可能出现一个清单项目对应多个定额子目的情况。因此，计算综合单价的第一步就是将清单项目的工程内容与定额项目的工程内容进行比较，结合清单项目的特征描述，确定拟报组价清单项目应该由哪几个定额子目来组合。当然要想中标完全参照定额子目套用取费，是没有竞争力的，投标企业如果没有企业定额可根据企业自身情况参照消耗量定额进行调整。

4.对于固定总价的合同，要对项目附属工程、容易变更的内容进行认真审查

对于工程量清单加固定总价合同，特别要注意对该项目的附属工程进行细致审查。因为附属工程有大有小，有难有易，不能只凭主观认识，要进行实地考察，对其可能发生的情况加以综合，得到一个具有竞争力的报价。由于投标策略，对容易变更的内容要进行具体分析，还要根据企业的实际情况得到一个可行的报价。

若招标文件上对工程量清单有附加说明，不允许修改其工程量，则可以根据投标策略，对该报价做补充说明，也就是对工程量清单有误的地方加以说明，这样，不仅使你的投标报价符合实际工程，而且使得报价更具有竞争性，给评委和业主一个完整的工程报价。

# 项目二　编制商务标

## 任务 5　施工图识图

### 步骤一　施工图识读

#### 一、图纸内容

包括封面、目录、设计说明、总平面图、施工放线图、竖向设计施工图、植物配置图、照明电气图、喷灌施工图、给排水施工图、园林建筑及小品施工图、铺装详图。简单概括，就是目录、设计说明、园建部分、软景部分、水电部分。

#### 二、园林施工图的组成

文字部分：封皮、目录、总说明、材料表等。

施工放线：施工总平面、各分区施工放线图、局部放线详图等。

土方部分：竖向施工图、土方调配图。

建筑工程：建筑设计说明、建筑构造做法一览表、平面图、立面图、剖面图、建筑详图等。

结构工程：结构设计说明、基础平面图、基础详图、梁柱详图、结构构件详图。

电气工程：电气设计说明、主要设备材料表、电气施工平面图、施工详图、系统图、控制线路图等。大型工程应按照强电、弱电、火灾报警及其智能系统分别设置目录。

给排水工程：给排水设计说明，给排水系统总平面图、详图，给水、消防、排水、雨水系统图，喷灌系统施工图。

园林绿化工程：植物种植设计说明、植物材料表、种植施工图、局部施工放线图、剖面图。

园路铺装工程：铺装设计说明、铺装索引平面图、放线平面图、铺装详图。

#### 三、施工图识图流程

①看目录。了解图纸组成，图纸的内容，大体有多少张图，多大尺寸的图纸。

②看设计说明。了解图纸的设计理念,通用说明,各专业的施工要求。

③园建部分。包括园林建筑及园林建筑小品,先浏览总平面图,重点关注索引图。

④根据索引总平面,逐一浏览相关节点。

⑤根据节点图索引查看节点大样图。

## 四、标题栏、会签栏

工程名称、设计单位、建设单位、时间、工程项目编号、设计人姓名、文字或图纸的名称、图别、图号、图幅、基本内容。

①图纸编号以专业为单位,各专业各自编排各专业的图号。对于中小型项目可按照以下专业进行编号:园林、建筑及结构、给排水、电气等。

②每一专业图纸应该对图号加以统一标示,以方便查找。如建筑结构施工图可以缩写为“建施(JS)”,给排水施工图可以缩写为“水施(SS)”,电气施工图可以缩写为“电施(DS)”,种植施工图可以缩写为“绿施(LS)”,硬化铺装施工图可以缩写为“硬施(YS)”。

## 五、本项目概况

从图纸目录可以看到:项目的工程名称、设计单位、建设单位、时间、工程项目编号等。

总施、园施设计说明部分,序号1-6,图号ZS01-06,6张图;园施部分,序号7-13,图号YS01-07,7张图;绿施部分,序号14-17,图号LS01-04,4张图;建施部分,序号18-28,图号JS01-11,11张图;水施部分,序号29-31,图号SS01-03,3张图;电施部分,序号32-33,图号DS01-02,2张图。

# 步骤二　工程项目划分

一个完整的建设项目可以分解为建设项目、单项工程、单位工程、分部工程及分项工程。

1. 建设工程总项目

在一个场地上或数个场地上,按照一个总体设计进行施工的各个工程项目的总和。建设项目在行政上具有独立的组织形式,经济上实行独立核算,有法人资格与其他单位建立经济往来关系。例如:一个公园、一个游乐园、一个动物园、一个现代农业观光园等项目。

2. 单项工程

竣工后可以独立发挥生产能力或工程效益的工程。一个工程项目中可以有几个单项工程,也可以只有一个。例如:一个公园的码头、水榭、餐厅、茶室等。

3. 单位工程

可独立施工,但不能发挥作用。例如:餐厅工程中的给排水工程、照明工程、绿化工程、土建工程等。

4. 分部工程

分部工程指单位工程的各个部位或是按照使用不同的工种、材料和施工机械,而划分的工程项目。例如:一般土建工程可划分为土石方、砖石、混凝土及钢筋混凝土、木装修、屋面、抹灰、油漆彩画、脚手架、玻璃裱糊、砌筑工程等。

5. 分项工程

分部工程中按不同的施工方法、不同的材料、不同的规格进一步划分最基本的工程项目。是施工图预算中最基本的计算单位,是分部工程的组成部分,对其划分的合理性直接影响到园林工程预算书的编制。例如:土石方工程中的人工挖土方、运土石方、平整场地等。

# 步骤三 预算定额及应用

## 一、工程定额概念

在正常的施工条件下、完成某一合格单位产品或完成一定量的工作所需消耗的人力、材料、机械、台班和财力的数量标准。

## 二、工程定额性质

1. 法令性

法令性由国家主管机关或被授权部门制定并颁发。

2. 科学性与实用性

科学性与实用性是在大量测定综合、分析研究成千上万个实际数据的基础上，经过科学的方法制定出来的。

3. 可变性与相对稳定性

4. 针对性

质量、安全、操作方法不同。

5. 地域性

如砂石,有的地区可以就地取材。

## 三、工程定额的分类

1. 按生产要素分类

劳动定额、材料消耗、机械台班使用定额。

2. 按编制程序和用途分类

装饰工程、施工、预算、概算和概算指标。

3. 按编制单位和执行范围分类

全国统一定额和地区统一定额、一次性定额、企业定额。

4. 按专业不同分类

建筑工程定额(土建工程定额)、建筑安装工程定额、仿古建筑及园林绿化工程定额、市政工程定额等。

## 四、园林工程预算定额

### (一)预算定额的概念

在正常的施工条件下,完成一定计量单位合格的分项工程或结构构件所需消耗的活劳动与物化劳动(人、材、机)的数量标准叫预算定额。

### (二)预算定额的内容

1. 文字说明部分

(1)总说明;

(2)章节说明。

2. 定额项目表(核心内容)

3. 附录(补充资料)

### (三)预算定额的编制形式

按章、节、项目、子目的顺序排列。

为了查阅方便,定额的章节子目都有统一的编号。有3个符号和2个符号两种。

例:5-1-3:第五章第一节第三个子目。

5-1:第五章第一个子目。

## 五、预算定额的应用

1. 预算定额的直接套用

2. 预算定额的材料换算

当设计要求与定额项目的内容所使用的材料种类不一致时,须进行材料换算。常用的材料换算包括砼的换算、砂浆的换算。

3. 预算定额的系数换算

当设计要求与定额项目的内容不同时,还须进行系数换算。预算定额的系数换算是按定额说明中规定的系数乘以相应定额的基价(或定额中工料之一部分)后,得到一个新单价的换算。

## 六、园林工程概预算定额内容简介

以河北省仿古建筑及园林绿化工程消耗量定额为例介绍,此定额共两册,上册包括通用项目、营造法源、营造则例,下册为园林绿化工程消耗量定额。

### (一)土石方基础工程

1. 土壤的分类

见表 2-5-1。

**表 2-5-1 土壤分类表**

| 土壤分类 | 土壤名称 | 工具鉴别方法 |
|---|---|---|
| 一类土(松软土) | 略有黏性的沙土、腐殖土、种植土、砂、泥炭 | 用锹和板锄挖掘 |
| 二类土(普通土) | 潮湿的黏性土和黄土、含有建筑材料碎屑的堆积土和种植土 | 用锹、条锄挖掘,用脚蹬,少许用镐 |
| 三类土(坚土) | 中等密实的黏性土和黄土、含有碎石、卵石的潮湿黏土和黄土 | 主要用镐、条锄挖,少许用锹 |
| 四类土(砂砾坚土) | 坚硬密实的黏性土或黄土 | 全部用镐、条锄挖,少许用撬棍 |

2. 计算标准

土石方的体积按自然密实体积计算,填方按夯实的体积计算,淤泥、流沙按实际体积计算,运土石方按虚方算时人工系数为 0.8。

3. 干土与湿土的划分

以地下水位为准,地下水位以上者为干土,以下的为湿土,干、湿工程量分别计算。

4. 挖地槽

凡挖土宽度小于 3 m,且挖土长度大于挖土宽度 3 倍的挖土。

5. 挖地坑

对挖土底面积小于 20 $m^2$,且坑底长边小于 3 倍短边的挖土。

6. 挖土方

当槽宽>3 m,坑底面积>20 $m^2$,挖填深度>0.3 m 的场地平整,应按挖土方计算,这都是指大面积的挖土,例如:小河、池塘、园林绿地的造型等,均应套用挖土方项目。

7. 平整场地

指在大面积范围内,挖填深度不超过 0.3 m 土方工程,以及为施工放样清除浅表草木障碍等工作,按平整场地项目计算。在一般园林建筑工程中,不管是否要进行这项工作,预算时都可直接列入该项计算,而不需要明示。

**(二)砌筑工程**

砖规格以标准砖 240 mm×115 mm×53 mm 为准,包括基础、砖砌外墙、砖砌内墙、砖柱等。

**(三)砼及钢筋砼工程**

带形基础(毛石、无筋混凝土、钢筋混凝土)、独立基础、杯形基础、筏板基础、矩形柱、圆形柱、矩形梁、圆形梁、矩形桁条、枋子、平板、有梁板、亭屋面板、阳台、栏板、吴王靠、压顶等。

**(四)地面工程**

地面工程包括基层、垫层(敲)、防潮层($m^2$)、找平层($m^2$)及每增减 0.5 cm。整体面层($m^2$)、水磨石($m^2$)、踢脚线(m)、块料面层等。

**(五)抹灰工程**

抹灰工程以平方米为单位。分为砖墙面、毛石墙面、板条面、钢丝网面基层,水泥石灰砂浆、水泥砂浆、石灰麻刀砂浆等不同砂浆,水刷石、干黏石、拉毛等装饰做法。

**(六)园林绿化工程**

园林绿化工程在施工前,一般都应对场地进行清理、填挖找平、旧土翻晒等工作,凡挖填厚度在 30 cm 以内的土方,均按“整理绿化地”面积计算,若填挖找平超过 30 cm 按挖土方定额计算。

园林绿化工程包括栽植乔木(带土球)、栽植乔木(裸根)、起挖乔木(裸根)、起挖乔木(带土球)(株)灌木、起挖灌木(带土球)(株)、起挖灌木(裸根)、起挖(栽植)散生竹(株)、起挖(栽植)丛生竹(丛)、绿篱(10 m)、露地花卉栽植(10 $m^2$)、草皮铺种(10 $m^2$)、直生带播种、栽植水生植物(10 株)、树木支撑、草绳绕树干(m)、栽攀缘植物(每 100 株)、假植(株)、人工换土(株)。

**(七)堆砌假山及塑假石山工程**

堆砌假山及塑假石山工程包括湖石、黄石、石笋、土山点石、布置石景、自然式护岸、塑假山石等。

**(八)园路及园桥工程**

园路及园桥工程包括土基整理(整理路床),砂、灰土、煤渣、碎石、砼等垫层,卵石、砖等面层,桥面、桥墩等。

**(九)园林小品工程**

园林小品工程包括工艺点缀品、园林摆设品、堆塑装饰等。

## 任务 6 绿化工程计价

### 步骤一 读图算量

#### 一、绿化工程施工图识读

1. 查看涉及绿化工程的施工图目录

图号 ZS-01 总平面图,图号 ZS-03 放线平面图,图号 ZS-04 定位平面图,图号 ZS-05 网格定位平面图,图号 ZS-06 竖向平面图,图号 LS-01 苗木单及设计说明,图号 LS-02 植栽设计网格放线平面图,图号 LS-03 植栽设计平面图(乔木篇),图号 LS-04 植栽设计平面图(灌木、地被篇)。

2. 图纸浏览的顺序

按图号 ZS-01、ZS-03、ZS-04、ZS-05、ZS-06、LS-01、LS-02、LS-03、LS-04。对照苗木单的数量查看是否与施工图纸一致。

3. 苗木与本地区气候不相符的种类

上报建设单位,建设单位再上报设计单位,进行设计变更。

#### 二、分析工程量清单表

根据施工图纸,分析招标方提供的工程量清单,如与图纸不符,在规定时间内提出,由招标方澄清。投标方按照澄清后的工程量清单进行自主报价。表 2-6-1 是招标人修正后的软景工程量清单表,表中的工程量是完成后的实际工程量,也就是按施工图计算出来的净量。

**表 2-6-1 软景工程量清单表**

| 序号 | 植物名称 | 技术规格及效果描述 | 单位 | 图纸数量 |
|---|---|---|---|---|
| 13-04 地块大区内苗木表 | | | | |
| 1 | 乔、灌木 | | | |
| 1 | 云杉 A | $H$ 7.0 m $D_{冠}$>4.5 m | 株 | 1 |
| 2 | 云杉 B | $H$ 5.0 m $D_{冠}$>3.5 m | 株 | 3 |
| 3 | 云杉 C | $H$ 3.0 m $D_{冠}$>2.5 m | 株 | 1 |
| 4 | 国槐 A | $D$ 20 cm $H$ 7～8 m $H$ 分 2.5～2.8 m $D_{冠}$>5 m | 株 | 3 |
| 5 | 国槐 B | $D$ 12 cm $H$ 7～8 m $H$ 分 2.5～2.8 m $D_{冠}$>4 m | 株 | 47 |
| 6 | 元宝枫 | $D$ 15 cm $H$ 6～8 m 3～4 主分叉 $D_{冠}$>4 m | 株 | 6 |
| 7 | 西府海棠 | $D_{地}$ 12 cm $H$ 3 m $D_{冠}$>2 m | 株 | 9 |
| 8 | 紫叶李 | $D_{地}$ 10 cm $H$ 3.0 m $D_{冠}$>2.0 m | 株 | 4 |
| 9 | 樱花(花粉红色) | $D$ 10 cm $H$ 3 m $D_{冠}$>2 m | 株 | 8 |
| 10 | 山杏 | $D_{地}$ 10 cm $H$ 3 m $D_{冠}$>2.5 m | 株 | 16 |
| 11 | 山楂 | $D_{地}$ 10 cm $H$ 3 m $D_{冠}$>2.5 m | 株 | 10 |
| 12 | 白玉兰 | $D_{地}$ 10 cm $H$ 3 m $D_{冠}$>2.0 m | 株 | 3 |
| 13 | 紫薇(丛生) | $H$ 1.8 m $D_{冠}$>1.5 m | 株 | 3 |
| 14 | 丁香(紫) | $H$ 1.8 m $D_{冠}$>1.5 m | 株 | 12 |
| 15 | 天目琼花 | $H$ 1.5 m $D_{冠}$>1.5 m | 株 | 11 |
| 16 | 大叶黄杨球 A | $H$ 1.8 m 修剪后高度,$D_{冠}$ 1.5 m/个 | 株 | 1 |
| 17 | 大叶黄杨球 B | $H$ 1.5 m 修剪后高度,$D_{冠}$ 1.2 m/个 | 株 | 24 |
| 18 | 大叶黄杨球 C | $H$ 1.2 m 修剪后高度,$D_{冠}$ 1.0 m/个 | 株 | 18 |
| 19 | 金叶女贞球 A | $H$ 1.2 m 修剪后高度,$D_{冠}$ 1.0 m/个 | 株 | 2 |
| 20 | 金叶女贞球 B | $H$ 0.8 m 修剪后高度,$D_{冠}$ 0.8 m/个 | 株 | 3 |
| 2 | 绿篱 | | | |
| 1 | 北海道黄杨篱 | $H$ 1.5 m $D_{冠}$>0.25 m 三年生 修剪后高度,36 株/$m^2$ | $m^2$ | 3.8 |
| 2 | 北海道黄杨(配电柜周边) | $H$ 1.8 m $D_{冠}$>0.2 m 20 株/$m^2$ | $m^2$ | 20.0 |
| 3 | 木槿篱 | $H$>1.2 m $D_{冠}$>0.4 m 修剪后高度 8～12 株/$m^2$ | $m^2$ | 22.7 |

续表 2-6-1

| 序号 | 植物名称 | 技术规格及效果描述 | 单位 | 图纸数量 |
|---|---|---|---|---|
| 4 | 大叶黄杨篱 | $H$ 0.8 m $D_{冠}$>0.25 m 三年生 修剪后高度，25 株/$m^2$ | $m^2$ | 49.1 |
| 5 | 金叶女贞篱 | $H$ 0.6 m $D_{冠}$>0.25 m 三年生 修剪后高度，25 株/$m^2$ | $m^2$ | 17.2 |
| 3 | 地被花木 | | | |
| 1 | 紫荷兰菊 | 二年生 $H$>0.3 m,20～25 墩/$m^2$,4～5 芽 | $m^2$ | 11.4 |
| 2 | 八宝景天 | 二年生 $H$>0.4 m,20～25 墩/$m^2$,4～5 芽 | $m^2$ | 21.2 |
| 3 | 玉簪(白花) | 二年生 $H$>0.3 m,20～25 墩/$m^2$,4～5 芽 | $m^2$ | 23.5 |
| 4 | 银边玉簪 | 二年生 $H$>0.3 m,20～25 墩/$m^2$,4～5 芽 | $m^2$ | 2.2 |
| 5 | 鸢尾 | 二年生 $H$>0.3 m,20～25 墩/$m^2$,4～5 芽 | $m^2$ | 30.6 |
| 6 | 地被菊(花红色或紫色) | 二年生 $H$>0.3 m,20～25 墩/$m^2$,4～5 芽 | $m^2$ | 28.9 |
| 7 | 黑心菊 | 二年生 $H$>0.5 m,20～25 墩/$m^2$,4～5 芽 | $m^2$ | 6.2 |
| 8 | 金鸡菊 | 二年生 $H$>0.3 m,20～25 墩/$m^2$,4～5 芽 | $m^2$ | 7.5 |
| 9 | 常夏石竹 | 二年生 $H$>0.3 m,20～25 墩/$m^2$,4～5 芽 | $m^2$ | 38.2 |
| 10 | 大花萱草 | 二年生 $H$>0.4 m,20～25 墩/$m^2$,4～5 芽 | $m^2$ | 5 |
| 11 | 婆婆纳 | 二年生 $H$>0.3 m,20～25 墩/$m^2$,4～5 芽 | $m^2$ | 11.8 |
| 12 | 假龙头 | 二年生 $H$>0.3 m,20～25 墩/$m^2$,4～5 芽 | $m^2$ | 17.1 |
| 13 | 蛇鞭菊 | 二年生 $H$>0.4 m,20～25 墩/$m^2$,4～5 芽 | $m^2$ | 5.5 |
| 14 | 醉鱼草 | 二年生 $H$>0.8 m,20～25 墩/$m^2$,4～5 芽 | $m^2$ | 15 |
| 15 | 花叶芒 | 二年生 $H$>0.6 m,20～25 墩/$m^2$,4～5 芽 | $m^2$ | 6.1 |
| 16 | 细叶芒 | 二年生 $H$>0.6 m,20～25 墩/$m^2$,4～5 芽 | $m^2$ | 1.6 |
| 17 | 狼尾草 | 二年生 $H$>0.6 m,20～25 墩/$m^2$,4～5 芽 | $m^2$ | 1.6 |
| 4 | 草坪 | | | |
| 1 | 冷季型草坪 | 草皮卷(高羊茅) | $m^2$ | 3 055 |
| 2 | 井盖假草皮(暂估) | | $m^2$ | 40.0 |
| 3 | 1＃2＃楼屋面铺设草坪铺设及清理(暂估量) | 投标方按甲方要求选定 | $m^2$ | 1 514.9 |
| 5 | 土方 | | | |
| 1 | 微地形 | 甲方提供土方,乙方负责倒运、堆地形、平整等 | $m^3$ | 1 690.6 |

续表 2-6-1

| 序号 | 植物名称 | 技术规格及效果描述 | 单位 | 图纸数量 |
|---|---|---|---|---|
| 13-04 地块代征绿地苗木表 | | | | |
| 1 | 大叶黄杨篱 | $H$ 0.8 m $D_{冠}$>0.25 m 三年生 修剪后高度，25 株/$m^2$ | $m^2$ | 93.7 |
| 2 | 金叶女贞篱 | $H$ 0.6 m $D_{冠}$>0.25 m 三年生 修剪后高度，25 株/$m^2$ | $m^2$ | 100.2 |
| 3 | 冷季型草坪 | 草皮卷(高羊茅) | $m^2$ | 825 |
| 4 | 微地形 | 甲方提供土方，乙方负责倒运、堆地形、平整等 | $m^3$ | 509.5 |
| 13-07 地块大区内苗木表 | | | | |
| 1 | 毛白杨 | $D$ 20 cm $H$ 12 m $D_{冠}$>3 m | 株 | 33 |
| 2 | 冷季型草坪 | 草皮卷(高羊茅) | $m^2$ | 1 840 |
| 3 | 微地形 | 甲方提供土方，乙方负责倒运、堆地形、平整等 | $m^3$ | 920 |
| 13-07 地块代征绿地苗木表 | | | | |
| 1 | 毛白杨 | $D$ 20 cm $H$ 12 m $D_{冠}$>3 m | 株 | 2 |
| 2 | 冷季型草坪 | 草皮卷(高羊茅) | $m^2$ | 690 |
| 3 | 微地形 | 甲方提供土方，乙方负责倒运、堆地形、平整等 | $m^3$ | 345 |
| 战略囤苗苗木表(甲供苗) | | | | |
| | 落叶乔木 | 技术规格及效果描述 | 单位 | 图纸数量 |
| 1 | 丛生元宝枫 | $D$ 12 cm(每分枝) $H$ 6.0 m $D_{冠}$ 6.0 m | 株 | 1 |
| 2 | 丛生蒙古栎 A | $D$ 12 cm(每分枝) $H$ 9.0 m $D_{冠}$ 5.0 m | 株 | 2 |
| 3 | 丛生蒙古栎 B | $D$ 10 cm(每分枝) $H$ 8.0 m $D_{冠}$ 5.0 m | 株 | 5 |
| 4 | 白蜡 | $D$ 18 cm $H$ 8.0 m $D_{冠}$ 5.0 m | 株 | 6 |
| 5 | 八棱海棠 | $D_{地}$ 18 cm $H$ 4 m 分枝点较低 $D_{冠}$>4.0 m | 株 | 4 |
| 13-04、13-07 及代征绿地部分土方回填(室外地坪以下部分) | | | | |
| 1 | 土方回填(暂估量) | 甲方提供土方，乙方负责倒运、堆地形、平整等 | $m^3$ | 2 500 |

## 三、绿化工程定额工程量计算

根据现行《河北省园林绿化工程定额》中有关绿化工程栽植花木工程量计算规则，统计本项目中栽植花木工程量，因篇幅有限，不一一列出，见表 2-6-2 苗木工程量计算示意表。在进行取费计算时定额计价的工程量是总量，也就是按图计算出的净量加上损耗量，损耗量等于净量乘以损耗率，也是定额计价与工程量清单计价的区别之一。各种植物材料损耗率：

乔木、果树、花灌木、常绿树为1.5%；绿篱、色带、攀缘植物为2%；草坪、木本花卉、竹类为4%；草花为10%。

**表 2-6-2 苗木工程量计算示意表**

| 序号 | 分部分项工程名称 | 单位 | 计算公式 | 工程数量 | 备注 |
|---|---|---|---|---|---|
| | 一、13-04 地块大区内苗木 | | | | |
| 1 | 云杉 A | 株 | 1×(1+1.5%)=1 | 1 | 起挖、运输 |
| … | …… | | | | |
| | 草皮卷(高羊茅)冷季型草坪 | 10 $m^2$ | 3 055×(1+4%)=3 177.20 ($m^2$) | 317.72 | 起挖、运输 |
| … | …… | | | | |
| | 二、13-04 地块代征绿地苗木表 | | | | |
| … | …… | | | | |
| | 三、13-07 地块大区内苗木表 | | | | |
| … | …… | | | | |
| | 四、13-07 地块代征绿地苗木表 | | | | |
| … | …… | | | | |

## 步骤二 套定额取费计算

根据上面计算出的绿化工程量，利用河北省新奔腾计价软件编制绿化工程造价。分部分项工程量清单综合单价分析表、单价措施项目费分析表、分部分项工程量清单与计价表、单价措施项目清单与计价表、总价措施项目清单与计价表、材料、机械、设备增值税计算表、单位工程费汇总表分别见表 2-6-3 至表 2-6-9。

**表 2-6-3 分部分项工程量清单综合单价分析表**

| 序号 | 项目编码（定额编号） | 项目名称 | 单位 | 数量 | 综合单价（元） | 合价(元) | 综合单价组成(元) | | | | 人工单价（元/工日） |
|---|---|---|---|---|---|---|---|---|---|---|---|
| | | | | | | | 人工费 | 材料费 | 机械费 | 管理费和利润 | |
| 1 | 050102001001 | 栽植云杉 A | 株 | 1.00 | 6 531.65 | 6 531.65 | 307.25 | 6 103.65 | 84.10 | 36.65 | 74.00 |
| | 1-99 | 栽植乔木云杉 A | 株 | 1.00 | 342.34 | 342.34 | 229.40 | 3.50 | 80.16 | 29.28 | 74.00 |
| | 1-277 | 后期管理费，云杉 A | 株·年 | 1.00 | 99.31 | 99.31 | 77.85 | 10.15 | 3.94 | 7.37 | 74.00 |
| | | 云杉 A | 株 | 1.00 | 6 090.00 | 6 090.00 | | 6 090.00 | | | |
| 2 | 050102001002 | 栽植云杉 B | 株 | 3.00 | 4 500.45 | 13 501.35 | 160.43 | 4 275.79 | 44.97 | 19.26 | 74.00 |
| | 1-78 | 栽植乔木云杉 B | 株 | 3.00 | 170.69 | 512.07 | 111.59 | 3.60 | 41.03 | 14.47 | 74.00 |
| | 1-276 | 后期管理费云杉 B | 株·年 | 3.00 | 66.76 | 200.28 | 48.84 | 9.19 | 3.94 | 4.79 | 74.00 |
| | | 云杉 B | 株 | 3.00 | 4 263.00 | 12 789.00 | | 4 263.00 | | | |
| 3 | 050102001003 | 栽植云杉 C | 株 | 1.00 | 1 250.89 | 1 250.89 | 24.19 | 1 220.83 | 3.35 | 2.52 | 74.00 |
| | 1-72 | 栽植云杉 C | 株 | 1.00 | 12.21 | 12.21 | 10.80 | 0.45 | | 0.96 | 74.00 |
| | 1-274 | 后期管理费，云杉 C | 株·年 | 1.00 | 20.68 | 20.68 | 13.39 | 2.38 | 3.35 | 1.56 | 74.00 |
| | | 云杉 C | 株 | 1.00 | 1 218.00 | 1 218.00 | | 1 218.00 | | | |
| 4 | 050102001004 | 栽植国槐 A | 株 | 3.00 | 4 095.65 | 12 286.95 | 307.25 | 3 667.65 | 84.10 | 36.65 | 74.00 |
| | 1-99 | 大树栽植国槐 A | 株 | 3.00 | 342.34 | 1 027.02 | 229.40 | 3.50 | 80.16 | 29.28 | 74.00 |
| | 1-277 | 后期管理费，国槐 A | 株·年 | 3.00 | 99.31 | 297.93 | 77.85 | 10.15 | 3.94 | 7.37 | 74.00 |
| | | 国槐 A | 株 | 3.00 | 3 654.00 | 10 962.00 | | 3 654.00 | | | |
| 5 | 050102001005 | 栽植国槐 B | 株 | 47.00 | 1 759.95 | 82 717.65 | 160.43 | 1 535.29 | 44.97 | 19.26 | 74.00 |
| | 1-78 | 栽植乔木国槐 B | 株 | 47.00 | 170.69 | 8 022.43 | 111.59 | 3.60 | 41.03 | 14.47 | 74.00 |
| | 1-276 | 后期管理费，国槐 B | 株·年 | 47.00 | 66.76 | 3 137.72 | 48.84 | 9.19 | 3.94 | 4.79 | 74.00 |
| | | 国槐 B | 株 | 47.00 | 1 522.50 | 71 557.50 | | 1 522.50 | | | |
| 6 | 050102001006 | 栽植元宝枫 | 株 | 6.00 | 4 704.65 | 28 227.90 | 307.25 | 4 276.65 | 84.10 | 36.65 | 74.00 |

续表 2-6-3

| 序号 | 项目编码（定额编号） | 项目名称 | 单位 | 数量 | 综合单价（元） | 合价（元） | 综合单价组成（元） | | | | 人工单价（元/工日） |
|---|---|---|---|---|---|---|---|---|---|---|---|
| | | | | | | | 人工费 | 材料费 | 机械费 | 管理费和利润 | |
| | 1-99 | 大树栽植元宝枫 | 株 | 6.00 | 342.34 | 2 054.04 | 229.40 | 3.50 | 80.16 | 29.28 | 74.00 |
| | 1-277 | 后期管理费，元宝枫 | 株·年 | 6.00 | 99.31 | 595.86 | 77.85 | 10.15 | 3.94 | 7.37 | 74.00 |
| | | 元宝枫 | 株 | 6.00 | 4 263.00 | 25 578.00 | | 4 263.00 | | | |
| 7 | 050102001008 | 栽植西府海棠 | 株 | 9.00 | 2 349.00 | 21 141.00 | 216.60 | 2 043.69 | 62.52 | 26.19 | 74.00 |
| | 1-79 | 栽植西府海棠 | 株 | 9.00 | 252.24 | 2 270.16 | 167.76 | 4.50 | 58.58 | 21.40 | 74.00 |
| | 1-276 | 后期管理费，西府海棠 | 株·年 | 9.00 | 66.76 | 600.84 | 48.84 | 9.19 | 3.94 | 4.79 | 74.00 |
| | | 西府海棠 | 株 | 9.00 | 2 030.00 | 18 270.00 | | 2 030.00 | | | |
| 8 | 050102001009 | 栽植紫叶李 | 株 | 4.00 | 1 455.45 | 5 821.80 | 160.43 | 1 230.79 | 44.97 | 19.26 | 74.00 |
| | 1-78 | 栽植紫叶李 | 株 | 4.00 | 170.69 | 682.76 | 111.59 | 3.60 | 41.03 | 14.47 | 74.00 |
| | 1-276 | 后期管理费，紫叶李 | 株·年 | 4.00 | 66.76 | 267.04 | 48.84 | 9.19 | 3.94 | 4.79 | 74.00 |
| | | 紫叶李 | 株 | 4.00 | 1 218.00 | 4 872.00 | | 1 218.00 | | | |
| 9 | 050102001010 | 栽植樱花 | 株 | 8.00 | 1 455.45 | 11 643.60 | 160.43 | 1 230.79 | 44.97 | 19.26 | 74.00 |
| | 1-78 | 栽植乔木樱花 | 株 | 8.00 | 170.69 | 1 365.52 | 111.59 | 3.60 | 41.03 | 14.47 | 74.00 |
| | 1-276 | 后期管理费，樱花 | 株·年 | 8.00 | 66.76 | 534.08 | 48.84 | 9.19 | 3.94 | 4.79 | 74.00 |
| | | 樱花 | 株 | 8.00 | 1 218.00 | 9 744.00 | | 1 218.00 | | | |
| 10 | 050102001011 | 栽植山杏 | 株 | 16.00 | 1 252.45 | 20 039.20 | 160.43 | 1 027.79 | 44.97 | 19.26 | 74.00 |
| | 1-78 | 栽植山杏 | 株 | 16.00 | 170.69 | 2 731.04 | 111.59 | 3.60 | 41.03 | 14.47 | 74.00 |
| | 1-276 | 后期管理费，山杏 | 株·年 | 16.00 | 66.76 | 1 068.16 | 48.84 | 9.19 | 3.94 | 4.79 | 74.00 |
| | | 山杏 | 株 | 16.00 | 1 015.00 | 16 240.00 | | 1 015.00 | | | |
| 11 | 050102001012 | 栽植山楂 | 株 | 10.00 | 1 252.45 | 12 524.50 | 160.43 | 1 027.79 | 44.97 | 19.26 | 74.00 |
| | 1-78 | 栽植山楂 | 株 | 10.00 | 170.69 | 1 706.90 | 111.59 | 3.60 | 41.03 | 14.47 | 74.00 |

续表 2-6-3

| 序号 | 项目编码（定额编号） | 项目名称 | 单位 | 数量 | 综合单价（元） | 合价（元） | 综合单价组成（元） | | | | 人工单价（元/工日） |
|---|---|---|---|---|---|---|---|---|---|---|---|
| | | | | | | | 人工费 | 材料费 | 机械费 | 管理费和利润 | |
| | 1-276 | 后期管理费，山楂 | 株·年 | 10.00 | 66.76 | 667.60 | 48.84 | 9.19 | 3.94 | 4.79 | 74.00 |
| | | 山楂 | 株 | 10.00 | 1 015.00 | 10 150.00 | | 1015.00 | | | |
| 12 | 050102001013 | 栽植白玉兰 | 株 | 3.00 | 1 759.95 | 5 279.85 | 160.43 | 1 535.29 | 44.97 | 19.26 | 74.00 |
| | 1-78 | 栽植白玉兰 | 株 | 3.00 | 170.69 | 512.07 | 111.59 | 3.60 | 41.03 | 14.47 | 74.00 |
| | 1-276 | 后期管理费，白玉兰 | 株·年 | 3.00 | 66.76 | 200.28 | 48.84 | 9.19 | 3.94 | 4.79 | 74.00 |
| | | 白玉兰 | 株 | 3.00 | 1 522.50 | 4 567.50 | | 1 522.50 | | | |
| 13 | 050102002002 | 栽植紫薇（丛生） | 株 | 3.00 | 350.23 | 1 050.69 | 82.74 | 257.72 | 2.15 | 7.62 | 74.00 |
| | 1-126 | 栽植紫薇 | 株 | 3.00 | 33.87 | 101.61 | 30.27 | 0.90 | | 2.70 | 74.00 |
| | 1-282 | 后期管理费，紫薇 | 株·年 | 3.00 | 62.61 | 187.83 | 52.47 | 3.07 | 2.15 | 4.92 | 74.00 |
| | | 紫薇 | 株 | 3.00 | 253.75 | 761.25 | | 253.75 | | | |
| 14 | 050102002003 | 栽植（紫）丁香 | 株 | 12.00 | 319.78 | 3 837.36 | 82.74 | 227.27 | 2.15 | 7.62 | 74.00 |
| | 1-126 | 栽植丁香 | 株 | 12.00 | 33.87 | 406.44 | 30.27 | 0.90 | | 2.70 | 74.00 |
| | 1-282 | 后期管理费，丁香 | 株·年 | 12.00 | 62.61 | 751.32 | 52.47 | 3.07 | 2.15 | 4.92 | 74.00 |
| | | 丁香 | 株 | 12.00 | 223.30 | 2 679.60 | | 223.30 | | | |
| 15 | 050102002004 | 栽植天目琼花 | 株 | 11.00 | 299.48 | 3 294.28 | 82.74 | 206.97 | 2.15 | 7.62 | 74.00 |
| | 1-126 | 栽植天目琼花 | 株 | 11.00 | 33.87 | 372.57 | 30.27 | 0.90 | | 2.70 | 74.00 |
| | 1-282 | 后期管理费，天目琼花 | 株·年 | 11.00 | 62.61 | 688.71 | 52.47 | 3.07 | 2.15 | 4.92 | 74.00 |
| | | 天目琼花 | 株 | 11.00 | 203.00 | 2 233.00 | | 203.00 | | | |
| 16 | 050102002005 | 栽植大叶黄杨球 A | 株 | 1.00 | 1 618.98 | 1 618.98 | 82.74 | 1 526.47 | 2.15 | 7.62 | 74.00 |
| | 1-126 | 栽植大叶黄杨球 A | 株 | 1.00 | 33.87 | 33.87 | 30.27 | 0.90 | | 2.70 | 74.00 |
| | 1-282 | 后期管理费，大叶黄杨球 A | 株·年 | 1.00 | 62.61 | 62.61 | 52.47 | 3.07 | 2.15 | 4.92 | 74.00 |

续表 2-6-3

| 序号 | 项目编码（定额编号） | 项目名称 | 单位 | 数量 | 综合单价（元） | 合价（元） | 综合单价组成（元） | | | | 人工单价（元/工日） |
|---|---|---|---|---|---|---|---|---|---|---|---|
| | | | | | | | 人工费 | 材料费 | 机械费 | 管理费和利润 | |
| | | 大叶黄杨球 A | 株 | 1.00 | 1 522.50 | 1 522.50 | | 1 522.50 | | | |
| 17 | 050102002006 | 栽植大叶黄杨球 B | 株 | 24.00 | 853.27 | 20 478.48 | 33.30 | 814.61 | 2.15 | 3.21 | 74.00 |
| | 1-124 | 栽植大叶黄杨球 B | 株 | 24.00 | 12.21 | 293.04 | 10.80 | 0.45 | | 0.96 | 74.00 |
| | 1-280 | 后期管理费，大叶黄杨球 B | 株・年 | 24.00 | 29.06 | 697.44 | 22.50 | 2.16 | 2.15 | 2.25 | 74.00 |
| | | 大叶黄杨球 B | 株 | 24.00 | 812.00 | 19 488.00 | | 812.00 | | | |
| 18 | 050102002007 | 栽植大叶黄杨球 C | 株 | 18.00 | 366.07 | 6 589.26 | 33.30 | 327.41 | 2.15 | 3.21 | 74.00 |
| | 1-124 | 栽植大叶黄杨球 C | 株 | 18.00 | 12.21 | 219.78 | 10.80 | 0.45 | | 0.96 | 74.00 |
| | 1-280 | 后期管理费，大叶黄杨球 C | 株・年 | 18.00 | 29.06 | 523.08 | 22.50 | 2.16 | 2.15 | 2.25 | 74.00 |
| | | 大叶黄杨球 C | 株 | 18.00 | 324.80 | 5 846.40 | | 324.80 | | | |
| 19 | 050102002008 | 栽植金叶女贞球 A | 株 | 2.00 | 295.02 | 590.04 | 33.30 | 256.36 | 2.15 | 3.21 | 74.00 |
| | 1-124 | 栽植金叶女贞球 A | 株 | 2.00 | 12.21 | 24.42 | 10.80 | 0.45 | | 0.96 | 74.00 |
| | 1-280 | 后期管理费，金叶女贞球 A | 株・年 | 2.00 | 29.06 | 58.12 | 22.50 | 2.16 | 2.15 | 2.25 | 74.00 |
| | | 金叶女贞球 A | 株 | 2.00 | 253.75 | 507.50 | | 253.75 | | | |
| 20 | 050102002009 | 栽植金叶女贞球 B | 株 | 3.00 | 151.56 | 454.68 | 23.02 | 124.10 | 2.15 | 2.29 | 74.00 |
| | 1-123 | 栽植金叶女贞球 B | 株 | 3.00 | 8.05 | 24.15 | 7.18 | 0.23 | | 0.64 | 74.00 |
| | 1-279 | 后期管理费，金叶女贞球 B | 株・年 | 3.00 | 21.71 | 65.13 | 15.84 | 2.07 | 2.15 | 1.65 | 74.00 |
| | | 金叶女贞球 B | 株 | 3.00 | 121.80 | 365.40 | | 121.80 | | | |
| 21 | 050102005001 | 栽植北海道黄杨篱 | $m^2$ | 3.80 | 400.58 | 1 522.20 | 20.80 | 375.02 | 2.63 | 2.14 | 74.00 |
| | 1-185 | 栽植成片黄杨篱 | 10 $m^2$ | 0.38 | 150.24 | 57.09 | 134.68 | 3.55 | | 12.01 | 74.00 |
| | 1-285 | 后期管理费，黄杨篱 | $m^2$・年 | 3.80 | 18.36 | 69.77 | 7.33 | 7.46 | 2.63 | 0.94 | 74.00 |
| | | 黄杨篱 | $m^2$ | 3.80 | 367.20 | 1 395.36 | | 367.20 | | | |

续表 2-6-3

| 序号 | 项目编码（定额编号） | 项目名称 | 单位 | 数量 | 综合单价（元） | 合价(元) | 综合单价组成(元) | | | | 人工单价（元/工日） |
|---|---|---|---|---|---|---|---|---|---|---|---|
| | | | | | | | 人工费 | 材料费 | 机械费 | 管理费和利润 | |
| 22 | 050102005002 | 栽植木槿篱 | $m^2$ | 22.70 | 201.68 | 4 578.14 | 20.80 | 176.11 | 2.63 | 2.14 | 74.00 |
| | 1-185 | 栽植木槿篱 | 10 $m^2$ | 2.27 | 150.24 | 341.04 | 134.68 | 3.55 | | 12.01 | 74.00 |
| | 1-285 | 后期管理费，木槿篱 | $m^2$·年 | 22.70 | 18.36 | 416.77 | 7.33 | 7.46 | 2.63 | 0.94 | 74.00 |
| | | 木槿篱 | $m^2$ | 22.70 | 168.30 | 3 820.41 | | 168.30 | | | |
| 23 | 050102005003 | 栽植大叶黄杨篱 | $m^2$ | 49.10 | 181.28 | 8 900.85 | 20.80 | 155.72 | 2.63 | 2.14 | 74.00 |
| | 1-185 | 栽植成片绿篱 | 10 $m^2$ | 4.91 | 150.24 | 737.68 | 134.68 | 3.55 | | 12.01 | 74.00 |
| | 1-285 | 后期管理费，绿篱，片植 | $m^2$·年 | 49.10 | 18.36 | 901.48 | 7.33 | 7.46 | 2.63 | 0.94 | 74.00 |
| | | 大叶黄杨篱 | $m^2$ | 49.10 | 147.90 | 7 261.89 | | 147.90 | | | |
| 24 | 050102005004 | 北海道黄杨篱，配电柜周边 | $m^2$ | 20.00 | 420.98 | 8 419.60 | 20.80 | 395.42 | 2.63 | 2.14 | 74.00 |
| | 1-185 | 栽植黄杨篱 | 10 $m^2$ | 2.00 | 150.24 | 300.48 | 134.68 | 3.55 | | 12.01 | 74.00 |
| | 1-285 | 后期管理费，黄杨篱 | $m^2$·年 | 20.00 | 18.36 | 367.20 | 7.33 | 7.46 | 2.63 | 0.94 | 74.00 |
| | | 黄杨篱 | $m^2$ | 20.00 | 387.60 | 7 752.00 | | 387.60 | | | |
| 25 | 050102005005 | 栽植金叶女贞篱 | $m^2$ | 17.20 | 176.75 | 3 040.10 | 16.65 | 155.70 | 2.63 | 1.77 | 74.00 |
| | 1-184 | 栽植金叶女贞篱 | 10 $m^2$ | 1.72 | 104.95 | 180.51 | 93.24 | 3.40 | | 8.31 | 74.00 |
| | 1-285 | 后期管理费，金叶女贞篱 | $m^2$·年 | 17.20 | 18.36 | 315.79 | 7.33 | 7.46 | 2.63 | 0.94 | 74.00 |
| | | 金叶女贞篱 | $m^2$ | 17.20 | 147.90 | 2 543.88 | | 147.90 | | | |
| 26 | 050102008002 | 栽植紫荷兰菊 | $m^2$ | 11.40 | 184.95 | 2 108.43 | 12.16 | 169.43 | 2.05 | 1.31 | 74.00 |
| | 1-200 | 露地花卉栽植，紫荷兰菊 | 10 $m^2$ | 1.14 | 149.10 | 169.97 | 100.05 | 40.13 | | 8.92 | 74.00 |
| | 1-289 | 后期管理费，紫荷兰菊 | $m^2$·年 | 11.40 | 8.84 | 100.78 | 2.15 | 4.22 | 2.05 | 0.42 | 74.00 |
| | | 紫荷兰菊 | $m^2$ | 11.40 | 161.20 | 1 837.68 | | 161.20 | | | |
| 27 | 050102008003 | 栽植八宝景天 | $m^2$ | 21.20 | 169.35 | 3 590.22 | 12.16 | 153.83 | 2.05 | 1.31 | 74.00 |

续表 2-6-3

| 序号 | 项目编码（定额编号） | 项目名称 | 单位 | 数量 | 综合单价（元） | 合价(元) | 综合单价组成(元) | | | | 人工单价（元/工日） |
|---|---|---|---|---|---|---|---|---|---|---|---|
| | | | | | | | 人工费 | 材料费 | 机械费 | 管理费和利润 | |
| | 1-200 | 露地花卉栽植,八宝景天 | 10 $m^2$ | 2.12 | 149.10 | 316.09 | 100.05 | 40.13 | | 8.92 | 74.00 |
| | 1-289 | 后期管理费,八宝景天 | $m^2$·年 | 21.20 | 8.84 | 187.41 | 2.15 | 4.22 | 2.05 | 0.42 | 74.00 |
| | | 八宝景天 | $m^2$ | 21.20 | 145.60 | 3086.72 | | 145.60 | | | |
| 28 | 050102008004 | 栽植玉簪(白花) | $m^2$ | 23.50 | 169.35 | 3 979.73 | 12.16 | 153.83 | 2.05 | 1.31 | 74.00 |
| | 1-200 | 露地花卉栽植,草本花 | 10 $m^2$ | 2.35 | 149.10 | 350.39 | 100.05 | 40.13 | | 8.92 | 74.00 |
| | 1-289 | 后期管理费,花卉 | $m^2$·年 | 23.50 | 8.84 | 207.74 | 2.15 | 4.22 | 2.05 | 0.42 | 74.00 |
| | | 玉簪(白花) | $m^2$ | 23.50 | 145.60 | 3 421.60 | | 145.60 | | | |
| 29 | 050102008005 | 栽植银边玉簪 | $m^2$ | 2.20 | 184.95 | 406.89 | 12.15 | 169.43 | 2.05 | 1.31 | 74.00 |
| | 1-200 | 露地花卉栽植,银边玉簪 | 10 $m^2$ | 0.22 | 149.10 | 32.80 | 100.05 | 40.13 | | 8.92 | 74.00 |
| | 1-289 | 后期管理费,银边玉簪 | $m^2$·年 | 2.20 | 8.84 | 19.45 | 2.15 | 4.22 | 2.05 | 0.42 | 74.00 |
| | | 银边玉簪 | $m^2$ | 2.20 | 161.20 | 354.64 | | 161.20 | | | |
| 30 | 050102008006 | 栽植鸢尾 | $m^2$ | 30.60 | 169.35 | 5 182.11 | 12.15 | 153.83 | 2.05 | 1.31 | 74.00 |
| | 1-200 | 露地花卉栽植,鸢尾 | 10 $m^2$ | 3.06 | 149.10 | 456.25 | 100.05 | 40.13 | | 8.92 | 74.00 |
| | 1-289 | 后期管理费,鸢尾 | $m^2$·年 | 30.60 | 8.84 | 270.50 | 2.15 | 4.22 | 2.05 | 0.42 | 74.00 |
| | | 鸢尾 | $m^2$ | 30.60 | 145.60 | 4 455.36 | | 145.60 | | | |
| 31 | 050102008007 | 栽植地被菊 | $m^2$ | 28.90 | 169.35 | 4 894.22 | 12.16 | 153.83 | 2.05 | 1.31 | 74.00 |
| | 1-200 | 露地花卉栽植,地被菊 | 10 $m^2$ | 2.89 | 149.10 | 430.90 | 100.05 | 40.13 | | 8.92 | 74.00 |
| | 1-289 | 后期管理费,地被菊 | $m^2$·年 | 28.90 | 8.84 | 255.48 | 2.15 | 4.22 | 2.05 | 0.42 | 74.00 |
| | | 地被菊 | $m^2$ | 28.90 | 145.60 | 4 207.84 | | 145.60 | | | |
| 32 | 050102008008 | 栽植黑心菊 | $m^2$ | 6.20 | 169.35 | 1 049.97 | 12.15 | 153.83 | 2.05 | 1.31 | 74.00 |
| | 1-200 | 露地花卉栽植,草本花 | 10 $m^2$ | 0.62 | 149.10 | 92.44 | 100.05 | 40.13 | | 8.92 | 74.00 |

续表 2-6-3

| 序号 | 项目编码（定额编号） | 项目名称 | 单位 | 数量 | 综合单价（元） | 合价（元） | 综合单价组成（元） | | | | 人工单价（元/工日） |
|---|---|---|---|---|---|---|---|---|---|---|---|
| | | | | | | | 人工费 | 材料费 | 机械费 | 管理费和利润 | |
| | 1-289 | 后期管理费，花卉 | $m^2$·年 | 6.20 | 8.84 | 54.81 | 2.15 | 4.22 | 2.05 | 0.42 | 74.00 |
| | | 黑心菊 | $m^2$ | 6.20 | 145.60 | 902.72 | | 145.60 | | | |
| 33 | 050102008009 | 栽植金鸡菊 | $m^2$ | 7.50 | 160.51 | 1 203.83 | 10.01 | 149.61 | | 0.89 | 74.00 |
| | 1-200 | 露地花卉栽植，金鸡菊 | 10 $m^2$ | 0.75 | 149.10 | 111.83 | 100.05 | 40.13 | | 8.92 | 74.00 |
| | | 金鸡菊 | $m^2$ | 7.50 | 145.60 | 1 092.00 | | 145.60 | | | |
| | 1-289 | 后期管理费，金鸡菊 | $m^2$·年 | | 8.84 | | 2.15 | 4.22 | 2.05 | 0.42 | 74.00 |
| 34 | 050102008010 | 栽植常夏石竹 | $m^2$ | 38.20 | 184.95 | 7 065.09 | 12.15 | 169.43 | 2.05 | 1.31 | 74.00 |
| | 1-200 | 栽植，常夏石竹 | 10 $m^2$ | 3.82 | 149.10 | 569.56 | 100.05 | 40.13 | | 8.92 | 74.00 |
| | 1-289 | 后期管理费，常夏石竹 | $m^2$·年 | 38.20 | 8.84 | 337.69 | 2.15 | 4.22 | 2.05 | 0.42 | 74.00 |
| | | 常夏石竹 | $m^2$ | 38.20 | 161.20 | 6 157.84 | | 161.20 | | | |
| 35 | 050102008011 | 栽植大花萱草 | $m^2$ | 5.00 | 169.35 | 846.75 | 12.16 | 153.83 | 2.05 | 1.31 | 74.00 |
| | 1-200 | 露地大花萱草 | 10 $m^2$ | 0.50 | 149.10 | 74.55 | 100.05 | 40.13 | | 8.92 | 74.00 |
| | 1-289 | 后期管理费，大花萱草 | $m^2$·年 | 5.00 | 8.84 | 44.20 | 2.15 | 4.22 | 2.05 | 0.42 | 74.00 |
| | | 大花萱草 | $m^2$ | 5.00 | 145.60 | 728.00 | | 145.60 | | | |
| 36 | 050102008012 | 栽植婆婆纳 | $m^2$ | 11.80 | 169.35 | 1 998.33 | 12.16 | 153.83 | 2.05 | 1.31 | 74.00 |
| | 1-200 | 栽植，大花萱草 | 10 $m^2$ | 1.18 | 149.10 | 175.94 | 100.05 | 40.13 | | 8.92 | 74.00 |
| | 1-289 | 后期管理费，大花萱草 | $m^2$·年 | 11.80 | 8.84 | 104.31 | 2.15 | 4.22 | 2.05 | 0.42 | 74.00 |
| | | 大花萱草 | $m^2$ | 11.80 | 145.60 | 1 718.08 | | 145.60 | | | |
| 37 | 050102008013 | 栽植假龙头 | $m^2$ | 17.10 | 184.95 | 3 162.65 | 12.16 | 169.43 | 2.05 | 1.31 | 74.00 |
| | 1-200 | 露地花卉栽植，假龙头 | 10 $m^2$ | 1.71 | 149.10 | 254.96 | 100.05 | 40.13 | | 8.92 | 74.00 |
| | 1-289 | 后期管理费，假龙头 | $m^2$·年 | 17.10 | 8.84 | 151.16 | 2.15 | 4.22 | 2.05 | 0.42 | 74.00 |

续表 2-6-3

| 序号 | 项目编码（定额编号） | 项目名称 | 单位 | 数量 | 综合单价（元） | 合价(元) | 综合单价组成(元) | | | | 人工单价（元/工日） |
|---|---|---|---|---|---|---|---|---|---|---|---|
| | | | | | | | 人工费 | 材料费 | 机械费 | 管理费和利润 | |
| | | 假龙头 | $m^2$ | 17.10 | 161.20 | 2 756.52 | | 161.20 | | | |
| 38 | 050102008014 | 栽植蛇鞭菊 | $m^2$ | 5.50 | 169.35 | 931.43 | 12.16 | 153.83 | 2.05 | 1.31 | 74.00 |
| | 1-200 | 露地花卉栽植，蛇鞭菊 | 10 $m^2$ | 0.55 | 149.10 | 82.01 | 100.05 | 40.13 | | 8.92 | 74.00 |
| | 1-289 | 后期管理费，蛇鞭菊 | $m^2$·年 | 5.50 | 8.84 | 48.62 | 2.15 | 4.22 | 2.05 | 0.42 | 74.00 |
| | | 蛇鞭菊 | $m^2$ | 5.50 | 145.60 | 800.80 | | 145.60 | | | |
| 39 | 050102008015 | 栽植醉鱼草 | $m^2$ | 15.00 | 23.75 | 356.25 | 12.16 | 8.23 | 2.05 | 1.31 | 74.00 |
| | 1-200 | 露地花卉栽植，草本花 | 10 $m^2$ | 1.50 | 149.10 | 223.65 | 100.05 | 40.13 | | 8.92 | 74.00 |
| | 1-289 | 后期管理费，花卉 | $m^2$·年 | 15.00 | 8.84 | 132.60 | 2.15 | 4.22 | 2.05 | 0.42 | 74.00 |
| | | 醉鱼草 | $m^2$ | 15.00 | | | | | | | |
| 40 | 050102008016 | 栽植花叶芒 | $m^2$ | 6.10 | 294.15 | 1 794.32 | 12.16 | 278.63 | 2.05 | 1.32 | 74.00 |
| | 1-200 | 露地花卉栽植，花叶芒 | 10 $m^2$ | 0.61 | 149.10 | 90.95 | 100.05 | 40.13 | | 8.92 | 74.00 |
| | 1-289 | 后期管理费，花叶芒 | $m^2$·年 | 6.10 | 8.84 | 53.92 | 2.15 | 4.22 | 2.05 | 0.42 | 74.00 |
| | | 花叶芒 | $m^2$ | 6.10 | 270.40 | 1 649.44 | | 270.40 | | | |
| 41 | 050102008017 | 栽植细叶芒 | $m^2$ | 1.60 | 294.15 | 470.64 | 12.16 | 278.63 | 2.05 | 1.32 | 74.00 |
| | 1-200 | 露地花卉栽植，细叶芒 | 10 $m^2$ | 0.16 | 149.10 | 23.86 | 100.05 | 40.13 | | 8.92 | 74.00 |
| | 1-289 | 后期管理费，细叶芒 | $m^2$·年 | 1.60 | 8.84 | 14.14 | 2.15 | 4.22 | 2.05 | 0.42 | 74.00 |
| | | 细叶芒 | $m^2$ | 1.60 | 270.40 | 432.64 | | 270.40 | | | |
| 42 | 050102008018 | 栽植狼尾草 | $m^2$ | 1.60 | 221.35 | 354.16 | 12.16 | 205.83 | 2.05 | 1.32 | 74.00 |
| | 1-200 | 露地花卉栽植，狼尾草 | 10 $m^2$ | 0.16 | 149.10 | 23.86 | 100.05 | 40.13 | | 8.92 | 74.00 |
| | 1-289 | 后期管理费，狼尾草 | $m^2$·年 | 1.60 | 8.84 | 14.14 | 2.15 | 4.22 | 2.05 | 0.42 | 74.00 |
| | | 狼尾草 | $m^2$ | 1.60 | 197.60 | 316.16 | | 197.60 | | | |

续表 2-6-3

| 序号 | 项目编码（定额编号） | 项目名称 | 单位 | 数量 | 综合单价（元） | 合价（元） | 综合单价组成（元） | | | | 人工单价（元/工日） |
|---|---|---|---|---|---|---|---|---|---|---|---|
| | | | | | | | 人工费 | 材料费 | 机械费 | 管理费和利润 | |
| 43 | 050102012001 | 铺种草皮卷 高羊茅 | $m^2$ | 3 055.00 | 36.30 | 110 896.50 | 12.58 | 19.72 | 2.59 | 1.41 | 74.00 |
| | 1-234 | 草皮铺种，高羊茅 | 10 $m^2$ | 305.50 | 105.02 | 32 083.61 | 89.54 | 7.50 | | 7.98 | 74.00 |
| | 1-287 | 后期管理费，高羊茅 | $m^2$ · 年 | 3 055.00 | 16.44 | 50 224.20 | 3.63 | 9.61 | 2.59 | 0.61 | 74.00 |
| | | 高羊茅 | $m^2$ | 3 055.00 | 9.36 | 28 594.80 | | 9.36 | | | |
| 44 | 010103001001 | 回填方 | $m^3$ | 1690.60 | | | | | | | |
| 45 | 050102005006 | 栽植大叶黄杨篱 | $m^2$ | 93.70 | 181.28 | 16 985.94 | 20.80 | 155.71 | 2.63 | 2.14 | 74.00 |
| | 1-185 | 栽植大叶黄杨篱 | 10 $m^2$ | 9.37 | 150.24 | 1 407.75 | 134.68 | 3.55 | | 12.01 | 74.00 |
| | 1-285 | 后期管理费，大叶黄杨篱 | $m^2$ · 年 | 93.70 | 18.36 | 1 720.33 | 7.33 | 7.46 | 2.63 | 0.94 | 74.00 |
| | | 大叶黄杨篱 | $m^2$ | 93.70 | 147.90 | 13 858.23 | | 147.90 | | | |
| 46 | 050102005007 | 栽植金叶女贞篱 | $m^2$ | 100.20 | 176.75 | 17 710.35 | 16.65 | 155.70 | 2.63 | 1.77 | 74.00 |
| | 1-184 | 栽植金叶女贞篱 | 10 $m^2$ | 10.02 | 104.95 | 1 051.60 | 93.24 | 3.40 | | 8.31 | 74.00 |
| | 1-285 | 后期管理费，金叶女贞篱 | $m^2$ · 年 | 100.20 | 18.36 | 1 839.67 | 7.33 | 7.46 | 2.63 | 0.94 | 74.00 |
| | | 金叶女贞篱 | $m^2$ | 100.20 | 147.90 | 14 819.58 | | 147.90 | | | |
| 47 | 050102012002 | 铺种草皮卷（高羊茅） | $m^2$ | 825.00 | 36.30 | 29 947.50 | 12.58 | 19.72 | 2.59 | 1.41 | 74.00 |
| | 1-234 | 草皮铺种，高羊茅 | 10 $m^2$ | 82.50 | 105.02 | 8 664.15 | 89.54 | 7.50 | | 7.98 | 74.00 |
| | 1-287 | 后期管理费，高羊茅 | $m^2$ · 年 | 825.00 | 16.44 | 13 563.00 | 3.63 | 9.61 | 2.59 | 0.61 | 74.00 |
| | | 高羊茅 | $m^2$ | 825.00 | 9.36 | 7 722.00 | | 9.36 | | | |
| 48 | 010103001002 | 回填方 | $m^3$ | 509.45 | | | | | | | |
| 49 | 050102001014 | 栽植毛白杨 | 株 | 33.00 | 3 296.16 | 108 773.28 | 480.18 | 2 561.21 | 190.94 | 63.83 | 74.00 |
| | 1-101 | 大树栽植毛白杨 | 株 | 33.00 | 620.63 | 20 480.79 | 372.81 | 7.00 | 187.00 | 53.82 | 74.00 |

续表 2-6-3

| 序号 | 项目编码（定额编号） | 项目名称 | 单位 | 数量 | 综合单价（元） | 合价（元） | 综合单价组成（元） | | | | 人工单价（元/工日） |
|---|---|---|---|---|---|---|---|---|---|---|---|
| | | | | | | | 人工费 | 材料费 | 机械费 | 管理费和利润 | |
| | 1-278 | 后期管理费，毛白杨 | 株·年 | 33.00 | 138.03 | 4 554.99 | 107.37 | 16.71 | 3.94 | 10.01 | 74.00 |
| | | 毛白杨 | 株 | 33.00 | 2 537.50 | 83 737.50 | | 2 537.50 | | | |
| 50 | 050102012003 | 铺种草皮卷 高羊茅 | $m^2$ | 1 840.00 | 36.30 | 66 792.00 | 12.58 | 19.72 | 2.59 | 1.41 | 74.00 |
| | 1-234 | 草皮铺种，高羊茅 | 10 $m^2$ | 184.00 | 105.02 | 19 323.68 | 89.54 | 7.50 | | 7.98 | 74.00 |
| | 1-287 | 后期管理费，高羊茅 | $m^2$·年 | 1 840.00 | 16.44 | 30 249.60 | 3.63 | 9.61 | 2.59 | 0.61 | 74.00 |
| | | 高羊茅 | $m^2$ | 1 840.00 | 9.36 | 17 222.40 | | 9.36 | | | |
| 51 | 010103001003 | 回填方 | $m^3$ | 920.00 | | | | | | | |
| 52 | 050102001015 | 栽植毛白杨 | 株 | 2.00 | 3 296.16 | 6 592.32 | 480.18 | 2 561.21 | 190.94 | 63.83 | 74.00 |
| | 1-101 | 大树栽植毛白杨 | 株 | 2.00 | 620.63 | 1 241.26 | 372.81 | 7.00 | 187.00 | 53.82 | 74.00 |
| | 1-278 | 后期管理费，毛白杨 | 株·年 | 2.00 | 138.03 | 276.06 | 107.37 | 16.71 | 3.94 | 10.01 | 74.00 |
| | | 毛白杨 | 株 | 2.00 | 2 537.50 | 5 075.00 | | 2 537.50 | | | |
| 53 | 050102012004 | 草皮卷 高羊茅 | $m^2$ | 690.00 | 36.30 | 25 047.00 | 12.58 | 19.72 | 2.59 | 1.41 | 74.00 |
| | 1-234 | 草皮铺种，高羊茅 | 10 $m^2$ | 69.00 | 105.02 | 7 246.38 | 89.54 | 7.50 | | 7.98 | 74.00 |
| | 1-287 | 后期管理费，高羊茅 | $m^2$·年 | 690.00 | 16.44 | 11 343.60 | 3.63 | 9.61 | 2.59 | 0.61 | 74.00 |
| | | 高羊茅 | $m^2$ | 690.00 | 9.36 | 6 458.40 | | 9.36 | | | |
| 54 | 010103001004 | 回填方 | $m^3$ | 345.00 | | | | | | | |
| 55 | 050102001016 | 栽植丛生元宝枫 | 株 | 1.00 | 237.45 | 237.45 | 160.43 | 12.79 | 44.97 | 19.26 | 74.00 |
| | 1-78 | 栽植丛生元宝枫 | 株 | 1.00 | 170.69 | 170.69 | 111.59 | 3.60 | 41.03 | 14.47 | 74.00 |
| | 1-276 | 后期管理费，丛生元宝枫 | 株·年 | 1.00 | 66.76 | 66.76 | 48.84 | 9.19 | 3.94 | 4.79 | 74.00 |
| | | 丛生元宝枫 | 株 | 1.00 | | | | | | | |
| 56 | 050102001017 | 栽植丛生蒙古栎 A | 株 | 2.00 | 237.45 | 474.90 | 160.43 | 12.79 | 44.97 | 19.26 | 74.00 |

续表 2-6-3

| 序号 | 项目编码（定额编号） | 项目名称 | 单位 | 数量 | 综合单价（元） | 合价(元) | 综合单价组成(元) | | | | 人工单价（元/工日） |
|---|---|---|---|---|---|---|---|---|---|---|---|
| | | | | | | | 人工费 | 材料费 | 机械费 | 管理费和利润 | |
| | 1-78 | 栽植丛生蒙古栎 A | 株 | 2.00 | 170.69 | 341.38 | 111.59 | 3.60 | 41.03 | 14.47 | 74.00 |
| | 1-276 | 后期管理费,丛生蒙古栎 A | 株・年 | 2.00 | 66.76 | 133.52 | 48.84 | 9.19 | 3.94 | 4.79 | 74.00 |
| | | 丛生蒙古栎 A | 株 | 2.00 | | | | | | | |
| 57 | 050102001018 | 栽植丛生蒙古栎 B | 株 | 5.00 | 185.06 | 925.30 | 125.13 | 11.89 | 33.22 | 14.82 | 74.00 |
| | 1-77 | 栽植丛生蒙古栎 B | 株 | 5.00 | 118.30 | 591.50 | 76.29 | 2.70 | 29.28 | 10.03 | 74.00 |
| | 1-276 | 后期管理费,丛生蒙古栎 B | 株・年 | 5.00 | 66.76 | 333.80 | 48.84 | 9.19 | 3.94 | 4.79 | 74.00 |
| | | 丛生蒙古栎 B | 株 | 5.00 | | | | | | | |
| 58 | 050102001019 | 栽植白蜡 | 株 | 6.00 | 758.66 | 4 551.96 | 480.18 | 23.71 | 190.94 | 63.83 | 74.00 |
| | 1-101 | 大树栽植白蜡 | 株 | 6.00 | 620.63 | 3 723.78 | 372.81 | 7.00 | 187.00 | 53.82 | 74.00 |
| | 1-278 | 后期管理费,白蜡 | 株・年 | 6.00 | 138.03 | 828.18 | 107.37 | 16.71 | 3.94 | 10.01 | 74.00 |
| | | 白蜡 | 株 | 6.00 | | | | | | | |
| 59 | 050102001020 | 栽植八棱海棠 | 株 | 4.00 | 758.66 | 3 034.64 | 480.18 | 23.71 | 190.94 | 63.83 | 74.00 |
| | 1-101 | 大树栽植八棱海棠 | 株 | 4.00 | 620.63 | 2 482.52 | 372.81 | 7.00 | 187.00 | 53.82 | 74.00 |
| | 1-278 | 后期管理费,八棱海棠 | 株・年 | 4.00 | 138.03 | 552.12 | 107.37 | 16.71 | 3.94 | 10.01 | 74.00 |
| | | 八棱海棠 | 株 | 4.00 | | | | | | | |
| 60 | 010103001005 | 回填方 | $m^3$ | 2 500.00 | | | | | | | |

**表 2-6-4 单价措施项目工程量清单综合单价分析表**

| 序号 | 项目编码（定额编号） | 项目名称 | 单位 | 数量 | 综合单价（元） | 合价(元) | 综合单价组成(元) | | | | 人工单价（元/工日） |
|---|---|---|---|---|---|---|---|---|---|---|---|
| | | | | | | | 人工费 | 材料费 | 机械费 | 管理费和利润 | |
| 1 | 050403001001 | 树木支撑架，四脚桩 | 株 | 49.00 | | | | | | | |
| | 4-13 | 树木支撑(原木桩)，四脚桩 | 株 | 49.00 | 21.02 | 1 029.98 | 5.77 | 14.73 | | 0.52 | 74.00 |
| 2 | 050403001002 | 树木支撑架，三脚桩 | 株 | 115.00 | 15.23 | 1 751.45 | 4.29 | 10.56 | | 0.38 | 74.00 |
| | 4-15 | 树木支撑(原木桩)，三脚桩 | 株 | 115.00 | 15.23 | 1 751.45 | 4.29 | 10.56 | | 0.38 | 74.00 |
| 3 | 050403002002 | 草绳绕树干，胸径(10 cm 以内) | 株 | 40.80 | 16.14 | 658.51 | 2.89 | 13.00 | | 0.25 | 74.00 |
| | 4-29 | 草绳绕树干，胸径(10 cm 以内) | m | 40.80 | 16.14 | 658.51 | 2.89 | 13.00 | | 0.25 | 74.00 |
| 4 | 050403002003 | 草绳绕树干，胸径(15 cm 以内) | 株 | 97.20 | 23.46 | 2 280.31 | 3.63 | 19.50 | | 0.33 | 74.00 |
| | 4-30 | 草绳绕树干，胸径(15 cm 以内) | m | 97.20 | 23.46 | 2 280.31 | 3.63 | 19.50 | | 0.33 | 74.00 |
| 5 | 050403002001 | 草绳绕树干，胸径(20 cm 以内) | 株 | 58.80 | 31.48 | 1 851.02 | 5.03 | 26.00 | | 0.45 | 74.00 |
| | 4-31 | 草绳绕树干，胸径(20 cm 以内) | m | 58.80 | 31.48 | 1 851.02 | 5.03 | 26.00 | | 0.45 | 74.00 |

**表 2-6-5 分部分项工程量清单与计价表**

| 序号 | 项目编码 | 项目名称 | 计量单位 | 工程数量 | 金额(元) | |
|---|---|---|---|---|---|---|
| | | | | | 综合单价 | 合价 |
| 一、13-04 地块大区内苗木 | | | | | | |
| 1.乔灌木 | | | | | | |
| 1 | 050102001001 | 栽植云杉 A | 株 | 1.00 | 6 531.65 | 6 531.65 |
| 2 | 050102001002 | 栽植云杉 B | 株 | 3.00 | 4 500.45 | 13 501.35 |
| 3 | 050102001003 | 栽植云杉 C | 株 | 1.00 | 1 250.89 | 1 250.89 |
| 4 | 050102001004 | 栽植国槐 A | 株 | 3.00 | 4 095.65 | 12 286.95 |
| 5 | 050102001005 | 栽植国槐 B | 株 | 47.00 | 1 759.95 | 82 717.65 |
| 6 | 050102001006 | 栽植元宝枫 | 株 | 6.00 | 4 704.65 | 28 227.90 |
| 7 | 050102001008 | 栽植西府海棠 | 株 | 9.00 | 2 349.00 | 21 141.00 |
| 8 | 050102001009 | 栽植紫叶李 | 株 | 4.00 | 1 455.45 | 5 821.80 |
| 9 | 050102001010 | 栽植樱花 | 株 | 8.00 | 1 455.45 | 11 643.60 |
| 10 | 050102001011 | 栽植山杏 | 株 | 16.00 | 1 252.45 | 20 039.20 |
| 11 | 050102001012 | 栽植山楂 | 株 | 10.00 | 1 252.45 | 12 524.50 |
| 12 | 050102001013 | 栽植白玉兰 | 株 | 3.00 | 1 759.95 | 5 279.85 |
| 13 | 050102002002 | 栽植紫薇(丛生) | 株 | 3.00 | 350.23 | 1 050.69 |
| 14 | 050102002003 | 栽植(紫)丁香 | 株 | 12.00 | 319.78 | 3 837.36 |
| 15 | 050102002004 | 栽植天目琼花 | 株 | 11.00 | 299.48 | 3 294.28 |
| 16 | 050102002005 | 栽植大叶黄杨球 A | 株 | 1.00 | 1 618.98 | 1 618.98 |
| 17 | 050102002006 | 栽植大叶黄杨球 B | 株 | 24.00 | 853.27 | 20 478.48 |
| 18 | 050102002007 | 栽植大叶黄杨球 C | 株 | 18.00 | 366.07 | 6 589.26 |
| 19 | 050102002008 | 栽植金叶女贞球 A | 株 | 2.00 | 295.02 | 590.04 |
| 20 | 050102002009 | 栽植金叶女贞球 B | 株 | 3.00 | 151.56 | 454.68 |
| | | 分部小计[1.乔灌木] | | | | |
| | | 分部小计[一、13-04 地块大区内苗木] | | | | 258 880.11 |
| 2.绿篱 | | | | | | |
| 21 | 050102005001 | 栽植北海道黄杨篱 | $m^2$ | 3.80 | 400.58 | 1 522.20 |
| 22 | 050102005002 | 栽植木槿篱 | $m^2$ | 22.70 | 201.68 | 4 578.14 |

续表 2-6-5

| 序号 | 项目编码 | 项目名称 | 计量单位 | 工程数量 | 金额(元) | |
|---|---|---|---|---|---|---|
| | | | | | 综合单价 | 合价 |
| 23 | 050102005003 | 栽植大叶黄杨篱 | $m^2$ | 49.10 | 181.28 | 8 900.85 |
| 24 | 050102005004 | 北海道黄杨篱,配电柜周边 | $m^2$ | 20.00 | 420.98 | 8 419.60 |
| 25 | 050102005005 | 栽植金叶女贞篱 | $m^2$ | 17.20 | 176.75 | 3 040.10 |
| | | 分部小计[2.绿篱] | | | | 26 460.89 |
| | | 3.地被花木 | | | | |
| | | 分部小计[3.地被花木] | | | | |
| 26 | 050102008002 | 栽植紫荷兰菊 | $m^2$ | 11.40 | 184.95 | 2 108.43 |
| 27 | 050102008003 | 栽植八宝景天 | $m^2$ | 21.20 | 169.35 | 3 590.22 |
| 28 | 050102008004 | 栽植玉簪(白花) | $m^2$ | 23.50 | 169.35 | 3 979.73 |
| 29 | 050102008005 | 栽植银边玉簪 | $m^2$ | 2.20 | 184.95 | 406.89 |
| 30 | 050102008006 | 栽植鸢尾 | $m^2$ | 30.60 | 169.35 | 5 182.11 |
| 31 | 050102008007 | 栽植地被菊 | $m^2$ | 28.90 | 169.35 | 4 894.22 |
| 32 | 050102008008 | 栽植黑心菊 | $m^2$ | 6.20 | 169.35 | 1 049.97 |
| 33 | 050102008009 | 栽植金鸡菊 | $m^2$ | 7.50 | 160.51 | 1 203.83 |
| 34 | 050102008010 | 栽植常夏石竹 | $m^2$ | 38.20 | 184.95 | 7 065.09 |
| 35 | 050102008011 | 栽植大花萱草 | $m^2$ | 5.00 | 169.35 | 846.75 |
| 36 | 050102008012 | 栽植婆婆纳 | $m^2$ | 11.80 | 169.35 | 1 998.33 |
| 37 | 050102008013 | 栽植假龙头 | $m^2$ | 17.10 | 184.95 | 3 162.65 |
| 38 | 050102008014 | 栽植蛇鞭菊 | $m^2$ | 5.50 | 169.35 | 931.43 |
| 39 | 050102008015 | 栽植醉鱼草 | $m^2$ | 15.00 | 23.75 | 356.25 |
| 40 | 050102008016 | 栽植花叶芒 | $m^2$ | 6.10 | 294.15 | 1 794.32 |
| 41 | 050102008017 | 栽植细叶芒 | $m^2$ | 1.60 | 294.15 | 470.64 |
| 42 | 050102008018 | 栽植狼尾草 | $m^2$ | 1.60 | 221.35 | 354.16 |
| | | 4.草坪 | | | | |
| 43 | 050102012001 | 铺种草皮卷、高羊茅 | $m^2$ | 3 055.00 | 36.30 | 110 896.50 |
| | | 分部小计[4.草坪] | | | | 110 896.50 |

续表 2-6-5

| 序号 | 项目编码 | 项目名称 | 计量单位 | 工程数量 | 金额(元) | |
|---|---|---|---|---|---|---|
| | | | | | 综合单价 | 合价 |
| | | 5.微地形 | | | | |
| 44 | 010103001001 | 回填方 | $m^3$ | 1 690.60 | | |
| | | 分部小计[5.微地形] | | | | 70 599.46 |
| | | 二、13-04 地块代征绿地苗木表 | | | | |
| | | 分部小计[二、13-04 地块代征绿地苗木] | | | | |
| 45 | 050102005006 | 栽植大叶黄杨篱 | $m^2$ | 93.70 | 181.28 | 16 985.94 |
| 46 | 050102005007 | 栽植金叶女贞篱 | $m^2$ | 100.20 | 176.75 | 17 710.35 |
| 47 | 050102012002 | 铺种草皮卷、高羊茅 | $m^2$ | 825.00 | 36.30 | 29 947.50 |
| | | 微地形 | | | | |
| 48 | 010103001002 | 回填方 | $m^3$ | 509.45 | | |
| | | 分部小计[微地形] | | | | 21 274.63 |
| | | 三、13-07 地块大区内苗木表 | | | | |
| 49 | 050102001014 | 栽植毛白杨 | 株 | 33.00 | 3 296.16 | 108 773.28 |
| 50 | 050102012003 | 铺种草皮卷、高羊茅 | $m^2$ | 1 840.00 | 36.30 | 66 792.00 |
| | | 分部小计[三、13-07 地块大区内苗木表] | | | | 175 565.28 |
| | | 微地形 | | | | |
| 51 | 010103001003 | 回填方 | $m^3$ | 920.00 | | |
| | | 分部小计[微地形] | | | | 38 419.20 |
| | | 13-07 地块代征绿地苗木表 | | | | |
| 52 | 050102001015 | 栽植毛白杨 | 株 | 2.00 | 3 296.16 | 6 592.32 |
| 53 | 050102012004 | 草皮卷、高羊茅 | $m^2$ | 690.00 | 36.30 | 25 047.00 |
| | | 分部小计[13-07 地块代征绿地苗木表] | | | | 31 639.32 |
| | | 微地形 | | | | |
| 54 | 010103001004 | 回填方 | $m^3$ | 345.00 | | |
| | | 分部小计[微地形] | | | | 14 407.20 |
| | | 战略囤苗苗木表(甲供苗) | | | | |
| 55 | 050102001016 | 栽植丛生元宝枫 | 株 | 1.00 | 237.45 | 237.45 |
| 56 | 050102001017 | 栽植丛生蒙古栎 A | 株 | 2.00 | 237.45 | 474.90 |

续表 2-6-5

| 序号 | 项目编码 | 项目名称 | 计量单位 | 工程数量 | 金额(元) | |
|---|---|---|---|---|---|---|
| | | | | | 综合单价 | 合价 |
| 57 | 050102001018 | 栽植丛生蒙古栎 B | 株 | 5.00 | 185.06 | 925.30 |
| 58 | 050102001019 | 栽植白蜡 | 株 | 6.00 | 758.66 | 4 551.96 |
| 59 | 050102001020 | 栽植八棱海棠 | 株 | 4.00 | 758.66 | 3 034.64 |
| | | 小计[战略囤苗苗木表(甲供苗)] | | | | 9 224.25 |
| 13-04、13-07 及代征绿地部分土方回填(室外地坪以下部分) | | | | | | |
| 60 | 010103001005 | 回填方 | $m^3$ | 2 500.00 | | |
| 分部小计[13-04、13-07 及代征绿地部分土方回填(室外地坪以下部分)] | | | | | | 104 400.00 |
| 合计 | | | | | | 716 705.16 |

**表 2-6-6 单价措施项目工程量清单与计价表**

| 序号 | 项目编码 | 项目名称 | 计量单位 | 工程数量 | 金额(元) | |
|---|---|---|---|---|---|---|
| | | | | | 综合单价 | 合价 |
| 1 | 050403001001 | 树木支撑架,四脚桩 | 株 | 49.00 | | |
| 2 | 050403001002 | 树木支撑架,三脚桩 | 株 | 115.00 | 15.23 | 1 751.45 |
| 3 | 050403002002 | 草绳绕树干,胸径 10 cm 以内 | 株 | 40.80 | 16.14 | 658.51 |
| 4 | 050403002003 | 草绳绕树干,胸径 15 cm 以内 | 株 | 97.20 | 23.46 | 2 280.31 |
| 5 | 050403002001 | 草绳绕树干,胸径 20 cm 以内 | 株 | 58.80 | 31.48 | 1 851.02 |
| 合计 | | | | | | 6 541.29 |

**表 2-6-7 总价措施项目清单与计价表**

| 序号 | 项目编码 | 项目名称 | 金额(元) |
|---|---|---|---|
| 1.安全生产、文明施工费 | | | |
| 1 | 050405001001 | 安全生产、文明施工费 | 38 963.41 |
| 小计 | | | 38 963.41 |

**表 2-6-8 材料、机械、设备增值税计算表**

| 编 码 | 名称及型号规格 | 单位 | 数 量 | 除税系数（%） | 含税价格（元） | 含税价格合计（元） | 除税价格（元） | 除税价格合计（元） | 进项税额合计（元） | 销项税额合计（元） |
|---|---|---|---|---|---|---|---|---|---|---|
| 材料 | | | | | | | | | | |
| BA2-3047 | 原木杆长 1.2 m | 根 | 541.00 | 14.25 | 3.52 | 1 904.32 | 3.02 | 1 632.95 | 271.37 | 179.62 |
| CSCLF | 措施费中的材料费 | 元 | | 6.00 | 1.00 | | 0.00 | | | |
| IF2-0102 | 镀锌铁丝 10＃ | kg | 6.37 | 14.25 | 5.00 | 31.85 | 4.29 | 27.31 | 4.54 | 3.00 |
| LY1-0177 | 草坪肥 | kg | 641.00 | 11.28 | 2.53 | 1 621.73 | 2.24 | 1 438.80 | 182.93 | 158.27 |
| LY1-0178 | 尿素 | kg | 12.82 | 11.28 | 2.64 | 33.84 | 2.34 | 30.02 | 3.82 | 3.30 |
| LY1-0179 | 农药 | kg | 421.64 | 11.28 | 30.80 | 12 986.39 | 27.33 | 11 521.53 | 1 464.86 | 1 267.37 |
| ZA1-0002 | 水 | 敨 | 11 537.25 | 2.86 | 5.00 | 57 686.25 | 4.86 | 56 036.42 | 1 649.83 | 6 164.01 |
| ZB1-0013 | 草绳 | kg | 608.40 | 14.25 | 6.50 | 3 954.6 | 5.57 | 3 391.07 | 563.53 | 373.02 |
| ZG1-0001 | 其他材料费 | 元 | 249.90 | | 1.00 | 249.9 | 1.00 | 249.90 | | 27.49 |
| ZL1-3008 | 肥料 | kg | 43.32 | 11.28 | 1.80 | 77.98 | 1.60 | 69.18 | 8.80 | 7.61 |
| ZL1-3049 | 有机肥（土堆肥） | 敨 | 2.92 | 11.28 | 285.00 | 831.57 | 252.85 | 737.77 | 93.80 | 81.15 |
| | 丁香 | 株 | 12.18 | 14.25 | 220.00 | 2 679.6 | 188.65 | 2 297.76 | 381.84 | 252.75 |
| | 天目琼花 | 株 | 11.17 | 14.25 | 200.00 | 2 233 | 171.50 | 1 914.80 | 318.20 | 210.63 |
| | 大叶黄杨球 A | 株 | 1.02 | 14.25 | 1 500.00 | 1 522.5 | 1 286.25 | 1 305.54 | 216.96 | 143.61 |
| | 大叶黄杨球 B | 株 | 24.36 | 14.25 | 800.00 | 19 488 | 686.00 | 16 710.96 | 2 777.04 | 1 838.21 |
| | 大叶黄杨球 C | 株 | 18.27 | 14.25 | 320.00 | 5 846.4 | 274.40 | 5 013.29 | 833.11 | 551.46 |
| | 金叶女贞球 A | 株 | 2.03 | 14.25 | 250.00 | 507.5 | 214.37 | 435.18 | 72.32 | 47.87 |
| | 紫薇 | 株 | 3.05 | 14.25 | 250.00 | 761.25 | 214.37 | 652.77 | 108.48 | 71.80 |
| | 木槿篱 | $m^2$ | 23.15 | 14.25 | 165.00 | 3 820.41 | 141.49 | 3 276.00 | 544.41 | 360.36 |

续表 2-6-8

| 编 码 | 名称及型号规格 | 单位 | 数 量 | 除税系数（%） | 含税价格（元） | 含税价格合计（元） | 除税价格（元） | 除税价格合计（元） | 进项税额合计（元） | 销项税额合计（元） |
|---|---|---|---|---|---|---|---|---|---|---|
| | 西府海棠 | 株 | 9.14 | 14.25 | 2 000.00 | 18 270 | 1 715.00 | 15 666.52 | 2 603.48 | 1 723.32 |
| | 金叶女贞球 B | 株 | 3.05 | 14.25 | 120.00 | 365.4 | 102.90 | 313.33 | 52.07 | 34.47 |
| | 白玉兰 | 株 | 3.05 | 14.25 | 1 500.00 | 4 567.5 | 1 286.25 | 3 916.63 | 650.87 | 430.83 |
| | 山楂 | 株 | 10.15 | 14.25 | 1 000.00 | 10 150 | 857.50 | 8 703.62 | 1 446.38 | 957.40 |
| | 山杏 | 株 | 16.24 | 14.25 | 1 000.00 | 16 240 | 857.50 | 13 925.80 | 2 314.20 | 1 531.84 |
| | 黄杨篱 | $m^2$ | 20.40 | 14.25 | 380.00 | 7 752 | 325.85 | 6 647.34 | 1 104.66 | 731.21 |
| | 紫叶李 | 株 | 4.06 | 14.25 | 1 200.00 | 4 872 | 1 029.00 | 4 177.74 | 694.26 | 459.55 |
| | 大叶黄杨篱 | $m^2$ | 145.66 | 14.25 | 145.00 | 21 120.12 | 124.34 | 18 110.50 | 3 009.62 | 1 992.16 |
| | 元宝枫 | 株 | 6.09 | 14.25 | 4 200.00 | 25 578 | 3 601.50 | 21 933.13 | 3 644.87 | 2 412.64 |
| | 国槐 B | 株 | 47.71 | 14.25 | 1 500.00 | 71 557.5 | 1 286.25 | 61 360.56 | 10 196.94 | 6 749.66 |
| | 国槐 A | 株 | 3.05 | 14.25 | 3 600.00 | 10 962 | 3 087.00 | 9 399.91 | 1 562.09 | 1 033.99 |
| | 云杉 C | 株 | 1.02 | 14.25 | 1 200.00 | 1 218 | 1 029.00 | 1 044.43 | 173.57 | 114.89 |
| | 云杉 B | 株 | 3.05 | 14.25 | 4 200.00 | 12 789 | 3 601.50 | 10 966.57 | 1 822.43 | 1 206.32 |
| | 云杉 A | 株 | 1.02 | 14.25 | 6 000.00 | 6 090 | 5 145.00 | 5 222.17 | 867.83 | 574.44 |
| | 樱花 | 株 | 8.12 | | 1 200.00 | 9 744 | 1 200.00 | 9 744.00 | | 1 071.84 |
| | 狼尾草 | $m^2$ | 1.66 | 14.25 | 190.00 | 316.16 | 162.93 | 271.11 | 45.05 | 29.82 |
| | 八棱海棠 | 株 | 4.00 | | | | 0.00 | | | |
| | 白蜡 | 株 | 6.00 | | | | 0.00 | | | |
| | 丛生蒙古栎 B | 株 | 5.00 | | | | 0.00 | | | |
| | 丛生蒙古栎 A | 株 | 2.00 | | | | 0.00 | | | |

续表 2-6-8

| 编 码 | 名称及型号规格 | 单位 | 数 量 | 除税系数（%） | 含税价格（元） | 含税价格合计（元） | 除税价格（元） | 除税价格合计（元） | 进项税额合计（元） | 销项税额合计（元） |
|---|---|---|---|---|---|---|---|---|---|---|
| | 从生元宝枫 | 株 | 1.00 | | | | 0.00 | | | |
| | 毛白杨 | 株 | 35.53 | 14.25 | 2 500.00 | 88 812.5 | 2 143.75 | 76 156.72 | 12 655.78 | 8 377.24 |
| | 黄杨篱 | $m^2$ | 3.88 | 14.25 | 360.00 | 1 395.36 | 308.70 | 1 196.52 | 198.84 | 131.62 |
| | 高羊茅 | $m^2$ | 6 666.40 | 14.25 | 9.00 | 59 997.6 | 7.72 | 51 447.94 | 8 549.66 | 5 659.27 |
| | 金叶女贞篱 | $m^2$ | 119.75 | 14.25 | 145.00 | 17 363.46 | 124.34 | 14 889.17 | 2 474.29 | 1 637.81 |
| | 细叶芒 | $m^2$ | 1.66 | 14.25 | 260.00 | 432.64 | 222.95 | 370.99 | 61.65 | 40.81 |
| | 花叶芒 | $m^2$ | 6.34 | 14.25 | 260.00 | 1 649.44 | 222.95 | 1 414.39 | 235.05 | 155.58 |
| | 醉鱼草 | $m^2$ | 15.60 | | | | 0.00 | | | |
| | 蛇鞭菊 | $m^2$ | 5.72 | 14.25 | 140.00 | 800.8 | 120.05 | 686.69 | 114.11 | 75.54 |
| | 紫荷兰菊 | $m^2$ | 11.86 | 14.25 | 155.00 | 1 837.68 | 132.91 | 1 575.81 | 261.87 | 173.34 |
| | 大花萱草 | $m^2$ | 17.47 | 14.25 | 140.00 | 2 446.08 | 120.05 | 2 097.51 | 348.57 | 230.73 |
| | 常夏石竹 | $m^2$ | 39.73 | 14.25 | 155.00 | 6 157.84 | 132.91 | 5 280.35 | 877.49 | 580.84 |
| | 金鸡菊 | $m^2$ | 7.80 | 14.25 | 140.00 | 1 092 | 120.05 | 936.39 | 155.61 | 103.00 |
| | 黑心菊 | $m^2$ | 6.45 | 14.25 | 140.00 | 902.72 | 120.05 | 774.08 | 128.64 | 85.15 |
| | 地被菊 | $m^2$ | 30.06 | 14.25 | 140.00 | 4 207.84 | 120.05 | 3 608.22 | 599.62 | 396.90 |
| | 鸢尾 | $m^2$ | 31.82 | 14.25 | 140.00 | 4 455.36 | 120.05 | 3 820.47 | 634.89 | 420.25 |
| | 银边玉簪 | $m^2$ | 2.29 | 14.25 | 155.00 | 354.64 | 132.91 | 304.10 | 50.54 | 33.45 |
| | 玉簪(白花) | $m^2$ | 24.44 | 14.25 | 140.00 | 3 421.6 | 120.05 | 2 934.02 | 487.58 | 322.74 |
| | 八宝景天 | $m^2$ | 22.05 | 14.25 | 140.00 | 3 086.72 | 120.05 | 2 646.86 | 439.86 | 291.15 |
| | 假龙头 | $m^2$ | 17.78 | 14.25 | 155.00 | 2 756.52 | 132.91 | 2 363.72 | 392.80 | 260.01 |

续表 2-6-8

| 编码 | 名称及型号规格 | 单位 | 数量 | 除税系数（%） | 含税价格（元） | 含税价格合计（元） | 除税价格（元） | 除税价格合计（元） | 进项税额合计（元） | 销项税额合计（元） |
|---|---|---|---|---|---|---|---|---|---|---|
| LY1-0011 | 花苗 | 株 | 5 247.50 | 11.28 | | | 0.00 | | | |
| LY1-0172 | 草皮 | $m^2$ | 7 051.00 | 11.28 | | | 0.00 | | | |
| YL1-0012 | 生根粉 | kg | 0.96 | 11.28 | | | 0.00 | | | |
| YL1-0013 | 根动力 | L | 6.40 | 11.28 | | | 0.00 | | | |
| YL1-0014 | 营养液 | L | 310.00 | 11.28 | | | 0.00 | | | |
| | 小计 | | | | | 538 999.57 | | 470 648.20 | 68 351.37 | 51 771.34 |
| 机械 | | | | | | | | | | |
| 90000002 | 机械费 | 元 | 23 206.73 | 10.870 0 | 1.00 | 23 206.73 | 0.89 | 20 684.16 | 2 522.57 | 2 275.26 |
| CSJXF | 措施费中的机械费 | 元 | | 4.000 0 | 1.00 | | 0.00 | | | |
| JX001 | 折旧费(机械台班) | 元 | 3 207.06 | 14.530 0 | 1.00 | 3 207.06 | 0.854 7 | 2 741.07 | 465.99 | 301.52 |
| JX002 | 大修理费(机械台班) | 元 | 976.12 | 14.530 0 | 1.00 | 976.12 | 0.854 7 | 834.29 | 141.83 | 91.77 |
| JX003 | 经常修理费(机械台班) | 元 | 2 020.58 | 10.170 0 | 1.00 | 2 020.58 | 0.898 3 | 1 815.09 | 205.49 | 199.66 |
| JX005 | 人工(机械台班) | 工日 | 10.71 | | 60.00 | 642.6 | 60.00 | 642.60 | | 70.69 |
| JX007 | 柴油(机械台班) | kg | 215.03 | 14.250 0 | 9.80 | 2 107.34 | 8.40 | 1 807.04 | 300.30 | 198.77 |
| JX013 | 人工费(机械台班) | 元 | 163.86 | | 1.00 | 163.86 | 1.00 | 163.86 | | 18.02 |
| JX014 | 其他费用(机械台班) | 元 | 98.96 | | 1.00 | 98.96 | 1.00 | 98.96 | | 10.89 |
| | 小计 | | | | | 32 423.25 | | 28 756.90 | 3 666.35 | 3 166.58 |
| 合计 | — | — | — | — | — | 571 422.82 | — | 499 405.10 | 72 017.72 | 54 937.92 |

**表 2-6-9 单位工程费汇总表**

| 序号 | 名称 | 计算基数 | 费率(%) | 金额(元) | 名目(元) | | |
|---|---|---|---|---|---|---|---|
| | | | | | 人工费 | 材料费 | 机械费 |
| 1 | 分部分项工程量清单计价合计 | — | — | 965 805.65 | 350 221.51 | 533 133.02 | 32 423.35 |
| 2 | 措施项目清单计价合计 | — | — | 7 571.27 | 1 542.59 | 5 890.77 | |
| 2.1 | 单价措施项目工程量清单计价合计 | — | — | 7 571.27 | 1 542.59 | 5 890.77 | |
| 2.2 | 其他总价措施项目清单计价合计 | — | — | | | | |
| 3 | 其他项目清单计价合计 | — | — | | — | — | — |
| 4 | 规费 | — | — | 40 128.11 | — | — | — |
| 5 | 安全生产、文明施工费 | — | — | 38 963.41 | — | — | — |
| 6 | 税前工程造价 | — | — | 1 052 468.44 | | | |
| 6.1 | 其中:进项税额 | — | — | 73 975.43 | — | — | — |
| 7 | 销项税额 | — | 110 | 107 634.23 | — | — | — |
| 8 | 增值税应纳税额 | — | — | 33 658.80 | — | — | — |
| 9 | 附加税费 | — | 13.5 | 4 543.94 | — | — | — |
| 10 | 税金 | — | — | 38 202.74 | — | — | — |
| 合计 | | — | — | 1 090 671.18 | 351 764.1 | 539 023.79 | 32 423.35 |

# 任务7 园路铺装工程计价

## 步骤一 读图算量

### 一、园路工程施工图识读

1. 查看涉及铺装的设计图目录

设计说明中，图号ZS-01总平面图，图号ZS-02铺装索引平面图，园施部分，图号YS-01A区铺装索引平面图，图号YS-02A区铺装放线平面图，图号YS-03B区铺装索引平面图，图号YS-04B区铺装放线平面图，图号YS-05铺装大样详图，图号YS-06铺装做法详图，图号YS-07井盖及雨水子详图。

2. 图纸浏览的顺序

按图号ZS-01、ZS-02、YS-01、YS-02、YS-03、YS-04、YS-05、YS-06、YS-07。

3. 从图号ZS-01总平面图显示

朝向、图例、建筑红线，1#商业综合楼和2#商业综合楼周边的绿化和硬化。结合图号YS-01A区铺装索引平面图，图号YS-03B区铺装索引平面图，分析出在总平面图中，1#商业综合楼周边是B区，2#商业综合楼周边是A区。

4. 从图号YS-01A区铺装索引平面图可以看到的索引图

停车位铺装大样详图，参见图号YS-05中名叫A的大样详图；

车行路铺装大样详图，参见图号YS-05中名叫B的大样详图，2处；600×300×50厚654深灰色火烧面花岗岩错缝铺设计；

人行路铺装大样详图一，参见图号YS-05中名叫C的大样详图；

人行路铺装大样详图二，参见图号YS-05中名叫D的大样详图，4处；

自行车停车位铺装大样详图，参见图号YS-05中名叫F的大样详图，2处；

汀步铺装大样详图，参见图号YS-05中名叫D的大样详图，2处；

车行路铺装做法详图二，参见图号YS-06中名叫C的做法详图；

种植池做法详图，参见图号YS-06中名叫E的做法详图，2处；

台阶做法详图，参见图号YS-06中名叫G的做法详图，2处；

种植池周边200×100×60厚深灰色透水砖收边，200×100×60厚深灰色透水砖缝铺设；

水池南面人行道200×100×80厚浅灰色透水砖收边，200×100×60厚深灰色透水砖缝铺设；

500×100×200高预制混凝土平道牙。

5. 从图号YS-03B区铺装索引平面图可以看到的索引图

停车位铺装大样详图、参见图号YS-05中名叫A的大样详图，3处；

车行路铺装大样详图、参见图号YS-05中名叫B的大样详图，3处；

人行路铺装大样详图一、参见图号YS-05中名叫C的大样详图，3处。

6. 大样详图、做法详图见图号 YS-05、YS-06、YS-07

## 二、分析工程量清单表

根据施工图纸，分析招标方提供的工程量清单，如与图纸不符，在规定时间内提出，由招标方澄清。投标方按照澄清后的工程量清单进行自主报价。表 2-7-1 是招标人修正后的工程量清单表。

**表 2-7-1 工程量清单表**

| 序号 | 项目名称及特征描述 | 单位 | 工程量 |
|---|---|---|---|
| | 一、人行道 | | |
| 1 | 垫层 天然级配砂石 300 厚 | $m^3$ | 965.09 |
| 2 | 垫层 3:7灰土 300 厚 | $m^3$ | 118.02 |
| 3 | 垫层 无砂大孔混凝土 150 厚 | $m^3$ | 482.55 |
| 4 | 垫层 混凝土 150 厚 | $m^3$ | 59.01 |
| 5 | 路面透水砖 200×100×80 厚 | $m^2$ | 3 153.89 |
| 6 | 地面花岗岩 50 厚 654 | $m^2$ | 385.67 |
| 7 | 道牙 | 10 m | 118.49 |
| 8 | 透水砖铺装上的井盖 1 180×1 180(暂估 25 个) | 套 | 25.00 |
| 9 | 花岗岩铺装上的井盖 1 180×1 180(暂估 5 个) | 套 | 5.00 |
| 10 | 1 200×200 深成品绿色种植井盖(暂估 30 个) | 套 | 30.00 |
| 11 | 600×300×50 厚 614 浅灰色烧毛面花岗岩雨水篦子 | 套 | 22.00 |
| 12 | 成品雨水篦子雨水篦子(绿地中) | 套 | 21.00 |
| 13 | 原有管井升降做法(暂估 103 个) | 个 | 103.00 |
| | 二、园林地面铺装(台阶、坡道) | | |
| 1 | 垫层 天然级配砂石 300 厚 | $m^3$ | 181.04 |
| 2 | 垫层 灰土 3:7 | $m^3$ | 0.69 |
| 3 | 基础垫层 | $m^3$ | 0.46 |
| 4 | 路面透水砖 200×100×60 厚 | $m^2$ | 587.30 |
| 5 | 台阶花岗岩 50 厚 654 | $m^2$ | 4.50 |
| 6 | 汀步 | $m^2$ | 42.73 |
| 7 | 种植池不锈钢收边 | m | 12.00 |
| | 三、木平台 | | |
| 1 | 垫层 150 厚灰土 3:7 | $m^3$ | 16.517 |

续表 2-7-1

| 序号 | 项目名称及特征描述 | 单位 | 工程量 |
|---|---|---|---|
| 2 | 100 厚 C15 混凝土垫层 | $m^3$ | 11.011 |
| 3 | 防腐木(含龙骨、垫块等) | $m^3$ | 3.303 |
| | 四、机动车停车位 | | |
| 1 | 垫层　天然级配砂石垫层 | $m^3$ | 489.869 |
| 2 | 垫层　无砂大孔混凝土 100 厚 | $m^3$ | 163.29 |
| 3 | 垫层　30 厚粗砂 | $m^3$ | 48.987 |
| 4 | 路面透水砖 200×100×80 厚 | $m^2$ | 180.40 |
| 5 | 路面嵌草砖 80 厚 | $m^2$ | 1 394.1 |
| 6 | 车挡石 750×300×100 | 10 m | 16.50 |
| | 五、自行车停车位 | | |
| 1 | 垫层　碎石垫层 300 厚 | $m^3$ | 14.076 |
| 2 | 垫层　无砂大孔混凝土 100 厚 | $m^3$ | 4.692 |
| 3 | 垫层　30 厚粗砂 | $m^3$ | 1.408 |
| 4 | 路面透水砖 200×100×60 厚 | $m^2$ | 2.88 |
| 5 | 路面嵌草砖 80 厚 | $m^2$ | 43.12 |
| 6 | 成品自行车架 | 10 m | 1.96 |

## 三、园路铺装工程定额工程量计算

### (一)工程量计算规则

根据现行《河北省园林绿化工程定额》中有关园路铺装工程量计算规则,计算出本项目中园路铺装的工程量。

### (二)工程量计算方法

1. 规整的园路的面积计算、路牙石长度计算

可以直接按施工图中给出的尺寸列式直接计算。

2. 不规整的园路面积计算、路牙石长度计算

利用 AutoCAD(以下简称 CAD)辅助算量功能计算路面的面积。由路牙石线与施工范围线围成的区域为该部分的面积范围,CAD 绘制多段线框选,得出路面的面积。路牙石的长度直接查看属性。

3. 垫层计算

规则是路的两边各扩 5 cm 以体积计算。垫层的体积等于垫层的面积乘以垫层的厚度。垫层面积的计算,是以两侧的路牙石为基线,分别向两侧各偏移 5 cm,由偏移后的线与施工范围线围成的区域为该部分垫层的面积,CAD 辅助算量,绘制多段线框选,得出垫层的面积。垫层的厚度在园路的竖向结构图中查找。

**(三)工程量计算过程**

1. 车行道

(1) 300 厚天然级配砂石垫层

路的两边各扩 5 cm，CAD 测出垫层面积，垫层面积乘以厚度 300 得到垫层体积。$V$=965.090 敌。

(2)300 厚 3∶7灰土垫层

路的两边各扩 5 cm，CAD 测出垫层面积，垫层面积乘以厚度 300 得到垫层体积。$V$=118.015 敌。

(3)无砂大孔混凝土 150 厚垫层

路的两边各扩 5 cm，CAD 测出垫层面积，垫层面积乘以厚度 150 得到垫层体积。$V$=482.55 敌。

(4)150 厚混凝土垫层

路的两边各扩 5 cm，CAD 测出垫层面积，垫层面积乘以厚度 150 得到垫层体积。$V$=59.008 敌。

(5)路面透水砖 200×100×80 厚

A 区、B 区均铺设，平面上不规则，借助于 CAD 辅助算量，测得铺装面积 $S$=3 153.89 $m^2$。

(6)地面花岗岩 50 厚 654

A 区 600×300×50 厚 654 深灰色火烧面花岗岩，索引详图图号 YS-06，图名叫 C 的详图，CAD 辅助算量，按面积计算。$S$=385.67 $m^2$。

(7)500×100×200 高预制砼平道牙

CAD 辅助算量，按长度计算。$L$=1 184.9 m。

2. 园林地面铺装(台阶、坡道)

(1)天然级配砂石垫层 300 厚

B 区人行路，铺装规整，宽度均 1.5 m，体积等于垫层的面积乘以垫层的厚度，垫层在绿地的一边扩宽 5 cm 计算。

B 区垫层的面积 $S_B=161.58\times(1.5+0.05\times2)=258.528\ m^2$，A 区垫层的面积 $S_A=344.927\ m^2$，式子中的数值参照下面第(4)、(5)条。

天然级配砂石垫层体积 $V=(258.528+344.927)\times0.3=181.037$ 敌。

(2)垫层 3∶7　灰土 150 厚

(3)100 厚 C15 砼基础垫层

(4)路面透水砖 200×100×60 厚

1)B 区人行路，铺装规整，宽度均 1.5 m，分 4 段计算长度。

$L_1=14.999+1.5+3.545+3.3+9.455+3.3+0.878=36.977$ (m)

$L_2=3.1+7.2+6.2+20.3+5.054+2.85+2.85=47.554$ (m)

$L_3=14.8+1.5+7.85+3.45+12.1+3.45+1.599=44.749$ (m)

$L_4=14.8+1.5+7.85+3.45+12.1-7.4=32.3$ (m)

$L_B=L_1+L_2+L_3+L_4=161.58$ (m)

小计：B 区人行路铺装面积 $S_B=L_B\times1.5=242.37$ ($m^2$)

2)A 区分成 13 段计算铺装面积

$S_1 = 6 \times 6 = 36$ (m²)

$S_2 = 1.8 \times 2 = 3.6$ (m²)

$S_3 = 2.7 \times 1.8 = 4.86$ (m²)

$S_4 = (3.7 + 2.1 + 14.6 + 1.8) \times 2.4 = 53.28$ (m²)

$S_5 = (9.291 + 2) \times 1.5 = 16.937$ (m²),不包括回收站地面。

$S_6 = 4.5 \times 4.5 \times 4 = 81$ (m²),4 块铺装尺寸相同。

$S_7 = (4 + 1.5 + 6) \times 1.5 = 17.25$ (m²)

$S_8 = 9.2 \times 1.5 = 13.8$ (m²)

$S_9 = (4.3 + 4.5 + 3.2) \times 1.5 = 18$ (m²)

$S_{10} = 3 \times 1.5 \times 2 = 9$ (m²)

$S_{11} = (4.5 \times 4.5 - 1.5 \times 1.5) \times 2 = 36$ (m²),乘以 2 是 2 个种植池。

$S_{12} = 3 \times 1.5 = 4.5$ m²

$S_{13} = (6.783 + 8.65 + 0.8 + 1.2 + 0.8 + 11.65) \times 1.5 = 44.825$ (m²)

$S_{14} = 2.35 \times 2.5 = 5.875$ (m²)

小计:A 区人行路铺装面积以上面积之和,$S_A = 344.927$ (m²)

A 区与 B 区透水砖面积,$S = S_A + S_B = 587.297$ (m²)

(5)台阶花岗岩 50 厚 654

2 个四步台阶,按水平投影面积计算,$S = 1.5 \times 1.5 \times 2 = 4.5$ (m²)

(6)汀步

按面积计算,$S = 3.95 \times 5 \times 0.8 + 5.615 \times 0.8 + 2.55 \times 11 \times 0.8 = 42.732$ (m²)

(7)种植池不锈钢收边

按长度计算,2 个种植池,$L = 1.5 \times 4 \times 2 = 12$ (m)

3. 机动车停车位

机动车停车位 A 区 1 个停车道,20 个车位;B 区 3 个停车道,40 个车位;消防应急通道北面 2 个停车道,50 个车位;共 110 个停车位。

(1)天然级配砂石垫层 300 厚

体积等于垫层的面积乘以垫层的厚度,垫层在绿地的一边扩宽 5 cm 计算,垫层面积 $S = 90 \times (6 + 0.05) + 60 \times (6.5 + 0.05) + 52.5 \times (5.5 + 0.05) + 72.5 \times (5.5 + 0.05) = 1\,631.25$ (m²)

体积 $V = 1\,631.25 \times 0.3 = 489.375$ (敨)

(2)无砂大孔混凝土垫层 100 厚

体积 $V = 1\,631.25 \times 0.1 = 163.125$ (m³)

(3)垫层 30 厚粗砂

体积 $V = 1\,631.25 \times 0.03 = 48.938$ (m³)

(4)路面透水砖 200×100×80 厚

每个车位由 2 部分面积组成,一部分车位四周,一部分与车挡平齐。$S = S_1 + S_2 = (2.3 + 5.5) \times 2 \times 0.1 \times 110 + 0.8 \times 0.1 \times 110 = 180.4$ (m²)

(5)路面嵌草砖 80 厚

A 区 20 个车位与 B 区 16 个车位，每个车位铺装面积相同；B 区 24 个车位，每个车位铺装面积相同；A 区北 50 个车位，每个车位铺装面积相同；嵌草砖为 3 部分面积之和。

$S_1=(2.3\times4.45+0.75\times2.3+2.5\times0.4)\times36=466.56\ (m^2)$

$S_2=(2.3\times4.45+0.75\times2.3+2.5\times0.9)\times24=341.04\ (m^2)$

$S_3=2.3\times5.1\times50=586.5\ (m^2)$

$S=S_1+S_2+S_3=466.56+341.04+586.5=1\,394.1\ (m^2)$

(6)车挡石 750×300×100

$L=(0.75+0.75)\times110=165\ (m)$

4. 自行车停车位

(1)碎石垫层 300 厚

按体积计算，垫层的面积乘以垫层的厚度，垫层在绿地的一边扩大 5 cm 计算，垫层面积 $S=(2.3+0.05)\times10=23.5\ (m^2)$

$V=23.5\times0.3\times2=24.1\ (m^3)$

(2)100 厚无砂大孔混凝土垫层

$V=23.5\times0.1\times2=4.7\ (m^3)$

(3)30 厚粗砂垫层

$V=23.5\times0.03\times2=1.41\ (m^3)$

(4)路面透水砖 200×100×60 厚

每个自行车停车位三面透水砖收边，A 区有两个停车位，按面积计算，$S=(10+2.2+2.2)\times0.1\times2=2.88\ (m^2)$

(5)路面嵌草砖 80 厚

A 区有两个停车位，按面积计算，$S=9.8\times2.2\times2=43.1\ (m^2)$

(6)成品自行车架

A 区有两个停车位，按长度计算，$L=9.8\times2=19.6\ (m)$

5. 木平台

(1) 150 厚 3∶7灰土垫层

体积等于面积乘以厚度，$V=110.11\times0.15=16.517\ (m^3)$

(2)100 厚 C15 混凝土垫层

体积等于面积乘以厚度，$V=110.11\times0.1=11.011\ (m^3)$

(3)30 厚防腐木

体积等于面积乘以厚度，$V=110.11\times0.03=3.303\ (m^3)$

## 步骤二　套定额取费计算

根据上面步骤一计算出的园路工程量，利用河北省新奔腾计价软件编制园路工程造价。分部分项工程量清单综合单价分析表、总价措施项目清单与计价表、分部分项工程量清单与计价表、单位工程费汇总表、材料、机械、设备增值税计算表分别见表 2-7-2 至表 2-7-6。

**表 2-7-2 分部分项工程量清单综合单价分析表**

| 序号 | 项目编码（定额编号） | 项目名称 | 单位 | 数量 | 综合单价（元） | 合价(元) | 综合单价组成(元) | | | | 人工单价（元/工日） |
|---|---|---|---|---|---|---|---|---|---|---|---|
| | | | | | | | 人工费 | 材料费 | 机械费 | 管理费和利润 | |
| 1 | 050201001001 | 一、车行道 | $m^2$ | 3 551.41 | 207.66 | 737 485.80 | 47.52 | 152.02 | 1.69 | 6.43 | 74.00<br>60.00 |
| | 2-4 | 基础垫层，碎石 | 10 $m^3$ | 96.51 | 1 243.55 | 120 013.77 | 499.50 | 669.90 | 8.06 | 66.09 | 74.00 |
| | 2-6 | 基础垫层，灰土 3:7 | 10 $m^3$ | 11.80 | 1 356.62 | 16 010.83 | 537.00 | 736.49 | 13.64 | 69.49 | 60.00 |
| | 2-5 换 | 无砂大孔混凝土 | 10 $m^3$ | 48.26 | 3 764.61 | 181 661.26 | 1 153.66 | 2 374.16 | 75.11 | 161.68 | 74.00 |
| | 2-5 | 基础垫层，混凝土 | 10 $m^3$ | 5.90 | 3 310.11 | 19 532.96 | 1 153.66 | 1 919.66 | 75.11 | 161.68 | 74.00 |
| | 2-33 | 路面铺筑，透水砖 | 10 $m^2$ | 315.39 | 502.58 | 158 508.20 | 113.22 | 374.67 | | 14.69 | 74.00 |
| | 2-29 | 路面铺筑，花岗岩路面厚 5 cm | 10 $m^2$ | 38.57 | 1 712.62 | 66 050.62 | 287.86 | 1 357.51 | 25.78 | 41.47 | 74.00 |
| | 2-35 | 混凝土路边石安装 | 100 m | 11.85 | 1 563.43 | 18 525.08 | 416.77 | 1 092.59 | | 54.07 | 74.00 |
| | | 混凝土路边石 | m | 1 184.90 | 28.00 | 33 177.20 | | 28.00 | | | |
| | | 透水砖、花岗岩铺装上的井盖 1 180×1 180 | 套 | 30.00 | 1 600.00 | 48 000.00 | | 1 600.00 | | | |
| | | 1 200×200 深成品绿色种植井盖 | 套 | 30.00 | 1 500.00 | 45 000.00 | | 1 500.00 | | | |
| | | 600×300×50 厚 614 浅灰色烧毛面花岗岩雨水篦子 | 套 | 22.00 | 120.00 | 2 640.00 | | 120.00 | | | |
| | | 成品雨水篦子×雨水篦子 | 套 | 21.00 | 320.00 | 6 720.00 | | 320.00 | | | |
| | | 原有管井升降 | 个 | 103.00 | 210.00 | 21 630.00 | | 210.00 | | | |
| 2 | 050201001002 | 二、园路 | $m^2$ | 634.53 | 111.76 | 70 915.07 | 30.84 | 76.38 | 0.47 | 4.08 | 74.00<br>60.00 |
| | 2-4 | 基础垫层，碎石 | 10 $m^3$ | 20.83 | 1 243.55 | 25 896.93 | 499.50 | 669.90 | 8.06 | 66.09 | 74.00 |
| | 2-6 | 基础垫层，灰土 3:7 | 10 $m^3$ | 0.07 | 1 356.62 | 93.61 | 537.00 | 736.49 | 13.64 | 69.49 | 60.00 |
| | 2-5 | 基础垫层，混凝土 | 10 $m^3$ | 0.05 | 3 310.11 | 152.27 | 1 153.66 | 1 919.66 | 75.11 | 161.68 | 74.00 |
| | 2-33 | 路面铺筑，透水砖 | 10 $m^3$ | 68.06 | 502.58 | 34 203.08 | 113.22 | 374.67 | | 14.69 | 74.00 |

续表 2-7-2

| 序号 | 项目编码（定额编号） | 项目名称 | 单位 | 数量 | 综合单价（元） | 合价(元) | 综合单价组成(元) | | | | 人工单价（元/工日） |
|---|---|---|---|---|---|---|---|---|---|---|---|
| | | | | | | | 人工费 | 材料费 | 机械费 | 管理费和利润 | |
| | 2-29 | 台阶花岗岩 50 厚 654 | 10 $m^2$ | 0.45 | 1 712.62 | 770.68 | 287.86 | 1 357.51 | 25.78 | 41.47 | 74.00 |
| | 2-29 | 汀步 | 10 $m^2$ | 4.32 | 1 712.62 | 7 398.52 | 287.86 | 1 357.51 | 25.78 | 41.47 | 74.00 |
| | | 种植池不锈钢收边 | m | 12.00 | 200.00 | 2 400.00 | | 200.00 | | | |
| 3 | 050201001003 | 三、木平台 | $m^2$ | 110.11 | 194.84 | 21 453.83 | 30.58 | 159.22 | 0.96 | 4.08 | 60.00<br>74.00 |
| | 2-6 | 基础垫层，灰土 3:7 | 10 $m^3$ | 1.65 | 1 356.62 | 2 241.14 | 537.00 | 736.49 | 13.64 | 69.49 | 60.00 |
| | 2-5 | 基础垫层，混凝土 | 10 $m^3$ | 1.10 | 3 310.11 | 3 644.43 | 1 153.66 | 1 919.66 | 75.11 | 161.68 | 74.00 |
| | 2-75 | 木栈道、木平台木构件制安 | $m^3$ | 3.30 | 4 713.53 | 15 568.79 | 366.45 | 4 299.54 | | 47.54 | 74.00 |
| 4 | 050201001004 | 四、机动车停车位 | $m^2$ | 1 574.50 | 136.81 | 215 407.35 | 39.73 | 89.36 | 2.22 | 5.51 | 74.00 |
| | 2-4 | 基础垫层，碎石 | 10 $m^3$ | 48.99 | 1 243.55 | 60 917.78 | 499.50 | 669.90 | 8.06 | 66.09 | 74.00 |
| | 2-5 | 无砂大孔混凝土 | 10 $m^3$ | 16.33 | 3 310.11 | 54 050.79 | 1 153.66 | 1 919.66 | 75.11 | 161.68 | 74.00 |
| | 2-2 | 基础垫层，砂 | 10 $m^3$ | 4.90 | 936.06 | 4 585.76 | 358.90 | 525.03 | 4.80 | 47.33 | 74.00 |
| | 2-33 | 路面铺筑，透水砖 | 10 $m^2$ | 18.04 | 502.58 | 9 066.54 | 113.22 | 374.67 | | 14.69 | 74.00 |
| | 2-47 | 嵌草砖铺装，嵌草砖 | 10 $m^2$ | 140.40 | 599.81 | 84 212.12 | 105.08 | 465.79 | 13.20 | 15.74 | 74.00 |
| | 2-35 | 车挡石 | 100 m | 1.65 | 1 563.43 | 2 579.66 | 416.77 | 1 092.59 | | 54.07 | 74.00 |
| 5 | 050201001005 | 五、自行车停车位 | $m^2$ | 46.00 | 176.66 | 8 126.36 | 38.71 | 130.30 | 2.26 | 5.39 | 74.00 |
| | 2-4 | 基础垫层，碎石 | 10 $m^3$ | 1.41 | 1 243.55 | 1 750.92 | 499.50 | 669.90 | 8.06 | 66.09 | 74.00 |
| | 2-5 | 基础垫层，混凝土 | 10 $m^3$ | 0.47 | 3 310.11 | 1 552.44 | 1 153.66 | 1 919.66 | 75.11 | 161.68 | 74.00 |
| | 2-2 | 基础垫层，砂 | 10 $m^3$ | 0.14 | 936.06 | 131.98 | 358.90 | 525.03 | 4.80 | 47.33 | 74.00 |
| | 2-33 | 路面铺筑，透水砖 | 10 $m^2$ | 0.29 | 502.58 | 144.74 | 113.22 | 374.67 | | 14.69 | 74.00 |
| | 2-47 | 嵌草砖铺装，嵌草砖 | 10 $m^2$ | 4.31 | 599.81 | 2 586.38 | 105.08 | 465.79 | 13.20 | 15.74 | 74.00 |
| | | 成品自行车架 | m | 19.60 | 100.00 | 1 960.00 | | 100.00 | | | |

**表 2-7-3 分部分项工程量清单与计价表**

| 序号 | 项目编码 | 项目名称 | 计量单位 | 工程数量 | 金额(元) | |
|---|---|---|---|---|---|---|
| | | | | | 综合单价 | 合价 |
| 1 | 050201001001 | 一、车行道 | $m^2$ | 3 551.41 | 207.66 | 737 485.80 |
| 2 | 050201001002 | 二、园路 | $m^2$ | 634.53 | 111.76 | 70 915.07 |
| 3 | 050201001003 | 三、木平台 | $m^2$ | 110.11 | 194.84 | 21 453.83 |
| 4 | 050201001004 | 四、机动车停车位 | $m^2$ | 1 574.50 | 136.81 | 215 407.35 |
| 5 | 050201001005 | 五、自行车停车位 | $m^2$ | 46.00 | 176.66 | 8 126.36 |
| 本页小计 | | | | | | 1 053 388.41 |
| 合计 | | | | | | 1 053 388.41 |

**表 2-7-4 总价措施项目清单与计价表**

| 序号 | 项目编码 | 项目名称 | 金额(元) |
|---|---|---|---|
| 1.安全生产、文明施工费 | | | |
| 1 | 050405001001 | 安全生产、文明施工费 | 41 436.83 |
| 小计 | | | 41 436.83 |

表 2-7-5 材料、机械、设备增值税计算表

| 编码 | 名称及型号规格 | 单位 | 数量 | 除税系数（%） | 含税价格（元） | 含税价格合计（元） | 除税价格（元） | 除税价格合计（元） | 进项税额合计（元） | 销项税额合计（元） |
|---|---|---|---|---|---|---|---|---|---|---|
| | 成品雨水篦子×雨水篦子 | 套 | 21.00 | 14.25 | 320.00 | 6 720 | 274.40 | 5 762.40 | 957.60 | 633.86 |
| | 混凝土路边石 | m | 1 184.90 | 14.25 | 28.00 | 33 177.2 | 24.01 | 28 449.45 | 4 727.75 | 3 129.44 |
| | 1 180×1 180 井盖 | 套 | 30.00 | 14.25 | 1 600.00 | 48 000 | 1 372.00 | 41 160.00 | 6 840.00 | 4 527.60 |
| | 600×300×50 厚 614 浅灰色烧毛面花岗岩雨水篦子 | 套 | 22.00 | 14.25 | 120.00 | 2 640 | 102.90 | 2 263.80 | 376.20 | 249.02 |
| | 原有管井升降 | 个 | 103.00 | 14.25 | 210.00 | 21 630 | 180.07 | 18 547.72 | 3 082.28 | 2 040.25 |
| | 种植池不锈钢收边 | m | 12.00 | 14.25 | 200.00 | 2 400 | 171.50 | 2 058.00 | 342.00 | 226.38 |
| | 成品自行车架 | m | 19.60 | 14.25 | 100.00 | 1 960 | 85.75 | 1 680.70 | 279.30 | 184.88 |
| | 1 200×200 深成品绿色种植井盖 | 套 | 30.00 | 14.25 | 1 500.00 | 45 000 | 1 286.25 | 38 587.50 | 6 412.50 | 4 244.63 |
| BB1-0101 | 水泥 32.5 | t | 296.43 | 14.25 | 360.00 | 106 715.63 | 308.70 | 91 508.65 | 15 206.98 | 10 065.95 |
| BB3-2001 | 白水泥 | kg | 4.33 | 14.25 | 0.66 | 2.86 | 0.57 | 2.45 | 0.41 | 0.27 |
| BB9-0050 | 引气剂 | kg | 21.44 | 14.25 | 13.00 | 278.78 | 11.15 | 239.05 | 39.73 | 26.30 |
| BC1-0002 | 生石灰 | t | 35.88 | 14.25 | 290.00 | 10 405.46 | 248.67 | 8 922.68 | 1 482.78 | 981.49 |
| BC2-0002 | 黏土 | $m^3$ | 181.94 | 2.86 | | | 0.00 | | | |
| BC3-0030 | 碎石 | t | 923.06 | 2.86 | 42.00 | 38 768.54 | 40.80 | 37 659.76 | 1 108.78 | 4 142.57 |
| BC3-2008 | 碎石 | $m^3$ | 2 675.28 | 2.86 | 42.00 | 112 361.66 | 40.80 | 109 148.12 | 3 213.54 | 12 006.29 |
| BC4-0013 | 中砂 | t | 690.49 | 2.86 | 30.00 | 20 714.69 | 29.14 | 20 122.25 | 592.44 | 2 213.45 |
| BC4-0016 | 中砂 | $m^3$ | 200.89 | 2.86 | 35.00 | 7 031.01 | 34.00 | 6 829.92 | 201.09 | 751.29 |
| CD1Y0002 | 花岗岩板 厚 50 mm | $m^2$ | 439.87 | 14.25 | 125.00 | 54 983.83 | 107.19 | 47 148.63 | 7 835.20 | 5 186.35 |
| CD1Y0005 | 透水砖 | $m^2$ | 4 098.07 | 14.25 | 35.00 | 143 432.6 | 30.01 | 122 993.45 | 20 439.15 | 13 529.28 |
| CD1Y0101 | 嵌草砖 | $m^2$ | 1 476.04 | 14.25 | 44.00 | 64 945.85 | 37.73 | 55 691.07 | 9 254.78 | 6 126.02 |
| CSCLF | 措施费中的材料费 | 元 | | 6.00 | 1.00 | | 0.00 | | | |

续表 2-7-5

| 编码 | 名称及型号规格 | 单位 | 数量 | 除税系数（%） | 含税价格（元） | 含税价格合计（元） | 除税价格（元） | 除税价格合计（元） | 进项税额合计（元） | 销项税额合计（元） |
|---|---|---|---|---|---|---|---|---|---|---|
| YL1-0011 | 防腐木 | $m^3$ | 3.53 | 14.25 | 4 000.00 | 14 136.8 | 3 430.00 | 12 122.31 | 2 014.49 | 1 333.45 |
| ZA1-0002 | 水 | $m^3$ | 562.13 | 2.86 | 5.00 | 2 810.64 | 4.86 | 2 730.26 | 80.38 | 300.33 |
| ZG1-0001 | 其他材料费 | 元 | 736.48 | | 1.00 | 736.48 | 1.00 | 736.48 | | 81.01 |
| ZS1-0221 | 混凝土路边石(平石) | m | 1 370.15 | 14.25 | 10.00 | 13 701.49 | 8.58 | 11 749.03 | 1 952.46 | 1 292.39 |
| 90000002 | 机械费 | 元 | 10 003.45 | 10.870 0 | 1.00 | 10 003.45 | 0.89 | 8 916.08 | 1 087.37 | 980.77 |
| CSJXF | 措施费中的机械费 | 元 | | 4.000 0 | 1.00 | | 0.00 | | | |
| 合计 | | — | — | — | — | 762 556.97 | — | 675 016.27 | 87 540.7 | 74 253.27 |

**表 2-7-6 单位工程费汇总表**

| 序号 | 名称 | 计算基数 | 费率(%) | 金额(元) | 名目(元) | | |
|---|---|---|---|---|---|---|---|
| | | | | | 人工费 | 材料费 | 机械费 |
| 1 | 分部分项工程量清单计价合计 | — | — | 1 053 388.41 | 256 034.62 | 752 573.59 | 10 005.17 |
| 2 | 措施项目清单计价合计 | — | — | | | | |
| 2.1 | 单价措施项目工程量清单计价合计 | — | — | | | | |
| 2.2 | 其他总价措施项目清单计价合计 | — | — | | | | |
| 3 | 其他项目清单计价合计 | — | — | | — | — | — |
| 4 | 规费 | — | — | 22 838.31 | — | — | — |
| 5 | 安全生产、文明施工费 | — | — | 41 436.83 | — | — | — |
| 6 | 税前工程造价 | — | — | 1 117 663.55 | | | |
| 6.1 | 其中:进项税额 | — | — | 89 327.48 | — | — | — |
| 7 | 销项税额 | — | 11 | 113 116.97 | — | — | — |
| 8 | 增值税应纳税额 | — | — | 23 789.49 | — | — | — |
| 9 | 附加税费 | — | 13.5 | 3 211.58 | — | — | — |
| 10 | 税金 | — | — | 27 001.07 | — | — | — |
| 合计 | | — | — | 1 144 664.62 | 256 034.62 | 752 573.59 | 10 005.17 |

# 任务8 园林景观工程计价

## 步骤一 读图算量

### 一、景观工程施工图识读

查看目录，涉及景观工程的施工图有：JS-01、JS-02、JS-03、JS-04 为还建楼大门详图，JS-05、JS-06、JS-07、JS-08、JS-09 为还建楼景观廊架及水池详图，JS-10 为分类回收站，JS-11 为消防大门及围墙标准段详图。

### 二、分析工程量清单表

根据施工图纸核对甲方提供的工程量清单项目及工程量，如有疑问应在规定的时间内提出，由招标方澄清，并按照核实后的项目及工程量自主报价，该项目景观工程有还建楼大门、景观廊架及水池、分类回收站、铁艺围栏及消防大门 4 个分部工程，工程量清单如表 2-8-1 所示。

表 2-8-1 工程量清单

| 序号 | 项目名称 | 计量单位 | 工程数量 |
|---|---|---|---|
| 一、还建楼大门 | | | |
| 1 | 平整场地 | $m^2$ | 79.20 |
| 2 | 挖基坑土方 | $m^3$ | 74.52 |
| 3 | 混凝土垫层 | $m^3$ | 4.97 |
| 4 | 回填土方 | $m^3$ | 82.52 |
| 5 | 独立基础 | $m^3$ | 22.15 |
| 6 | 钢梁架设 | t | 5.54 |
| 7 | 空腹钢柱 | t | 8.85 |
| 8 | 石材柱面 | $m^2$ | 238.06 |
| 9 | 金属格栅门 | 樘 | 2.34 |
| 10 | 现浇混凝土构件钢筋 | t | 2.34 |
| 11 | LOGO 字 | 个 | 4.00 |
| 二、景观廊架及水池 | | | |
| 1 | 平整场地 | $m^2$ | 140.40 |
| 2 | 挖基坑土方 | $m^3$ | 77.68 |
| 3 | 垫层 | $m^3$ | 14.89 |

续表 2-8-1

| 序号 | 项目名称 | 计量单位 | 工程数量 |
|---|---|---|---|
| 4 | 独立基础 | $m^3$ | 4.03 |
| 5 | 型钢 | t | 7.30 |
| 6 | 木(防腐木)屋面 | $m^3$ | 3.69 |
| 7 | 砖基础 | $m^3$ | 5.74 |
| 8 | 平面砂浆找平层 | $m^2$ | 101.94 |
| 9 | 卷材防水 | $m^2$ | 101.94 |
| 10 | 现浇混凝土板 | $m^3$ | 14.52 |
| 11 | 水泥砂浆抹面 | $m^2$ | 129.28 |
| 12 | 面层 | $m^2$ | 38.72 |
| 13 | 收水石 | $m^2$ | 4.80 |
| 14 | 散置50厚深灰砾石 | $m^2$ | 14.40 |
| 15 | 成品铸铁篦子 | $m^2$ | 5.85 |
| 三、分类回收站 | | | |
| 1 | 挖沟槽土方 | $m^3$ | 19.66 |
| 2 | 垫层 | $m^3$ | 1.04 |
| 3 | 砖基础 | $m^3$ | 3.10 |
| 4 | 回填方 | $m^3$ | 14.63 |
| 5 | 实心砖墙 | $m^3$ | 4.44 |
| 6 | 面层 | $m^2$ | 40.56 |
| 7 | 标志牌 | 个 | 2.00 |
| 8 | 面层 | $m^2$ | 45.00 |
| 9 | 圈梁 | $m^3$ | 0.89 |
| 四、铁艺围栏及消防大门 | | | |
| 1 | 挖基坑土方 | $m^3$ | 30.10 |
| 2 | 垫层 | $m^3$ | 12.04 |
| 3 | 独立基础 | $m^3$ | 43.00 |
| 4 | 回填方 | $m^3$ | 22.62 |
| 5 | 金属格栅门 | 樘 | 20.49 |
| 6 | 预埋铁件 | t | 0.30 |
| 7 | 成品栅栏 | $m^2$ | 497.58 |

## 三、景观分部分项工程定额工程量计算

根据现行《河北省园林绿化工程定额》及《河北省仿古建筑工程定额》中有关项目工程量计算规则，统计本项目中各景观工程的工程量，部分项目工程量借助新奔腾量筋合一软件辅助算量，计算过程不再阐述，具体分项工程工程量计算如下。

### (一)还建楼大门

1. 平整场地

平整场地按建筑底面积计算。

$$S=4\times19.8=79.2\ (\mathrm{m}^2)$$

2. 挖基坑

见基础剖面图，基坑由室外地坪起挖，至垫层下底面，深度为1.5 m，三类土，根据定额计算规则，基坑工程量按照坑地面积×挖深以体积计算。

$Z_1$：基础垫层长4.2 m，宽1.9 m，考虑工作面宽度，每边各留0.3 m，$Z_1$基坑体积为：

$$V_{Z_1}=SH=(4.2+0.3\times2)\times(1.9+0.3\times2)\times1.5=18\ (\mathrm{m}^3)$$

$Z_2$：基础垫层长2.7 m，宽1.9 m，考虑工作面宽度，每边各留0.3 m，$Z_2$基坑体积为：

$$V_{Z_2}=SH=(2.7+0.3\times2)\times(1.9+0.3\times2)\times1.5=12.38\ (\mathrm{m}^3)$$

$Z_3$：基础垫层长3.9 m，宽1.9 m，考虑工作面宽度，每边各留0.3 m，$Z_3$基坑体积为：

$$V_{Z_3}=SH=(3.9+0.3\times2)\times(1.9+0.3\times2)\times1.5=16.88\ (\mathrm{m}^3)$$

$Z_4$：基础垫层长4.2 m，宽2.7 m，考虑工作面宽度，每边各留0.3 m，$Z_4$基坑体积为：

$$V_{Z_4}=SH=(4.2+0.3\times2)\times(2.7+0.3\times2)\times1.5=23.76\ (\mathrm{m}^3)$$

$Z_5$：基础垫层长2.7 m，宽2.7 m，考虑工作面宽度，每边各留0.3 m，$Z_5$基坑体积为：

$$V_{Z_5}=SH=(2.7+0.3\times2)\times(2.7+0.3\times2)\times1.5=16.34\ (\mathrm{m}^3)$$

$Z_6$：基础垫层长3.9 m，宽2.7 m，考虑工作面宽度，每边各留0.3 m，$Z_6$基坑体积为：

$$V_{Z_6}=SH=(3.9+0.3\times2)\times(2.7+0.3\times2)\times1.5=22.28\ (\mathrm{m}^3)$$

汇总：基坑土方工程量为：

$$V_{Z_1}+V_{Z_2}+V_{Z_3}+V_{Z_4}+V_{Z_5}+V_{Z_6}=109.64\ (\mathrm{m}^3)$$

3. C15砼垫层

根据垫层定额工程量计算规则，垫层工程量为垫层底面积×垫层厚度，以体积计算。

$Z_1$：基础垫层长4.2 m，宽1.9 m，厚度0.1 m，$Z_1$垫层体积为：

$$V_{Z_1}=SH=4.2\times1.9\times0.1=0.798\ (\mathrm{m}^3)$$

$Z_2$：基础垫层长2.7 m，宽1.9 m，厚度0.1 m，$Z_2$垫层体积为：

$$V_{Z_2}=SH=2.7\times1.9\times0.1=0.513\ (\mathrm{m}^3)$$

$Z_3$：基础垫层长3.9 m，宽1.9 m，厚度0.1 m，$Z_3$垫层体积为：

$$V_{Z_3}=SH=3.9\times1.9\times0.1=0.741\ (\mathrm{m}^3)$$

$Z_4$：基础垫层长4.2 m，宽2.7 m，厚度0.1 m，$Z_4$垫层体积为：

$$V_{Z_4}=SH=4.2\times2.7\times0.1=1.134\ (m^3)$$

$Z_5$:基础垫层长 2.7 m,宽 2.7 m,厚度 0.1 m,$Z_5$ 垫层体积为:

$$V_{Z_5}=SH=2.7\times2.7\times0.1=0.729\ (m^3)$$

$Z_6$:基础垫层长 3.9 m,宽 2.7 m,厚度 0.1 m,$Z_6$ 垫层体积为:

$$V_{Z_6}=SH=3.9\times2.7\times0.1=1.053\ (m^3)$$

汇总:C15 砼垫层工程量为:

$$V_{Z_1}+V_{Z_2}+V_{Z_3}+V_{Z_4}+V_{Z_5}+V_{Z_6}=4.97\ (m^3)$$

C15 砼垫层模板工程量为:

$$S=6.98\ m^2$$

4. 钢筋混凝土基础

根据基础剖面图,基础为两个长方体和一个四棱台组成,其工程量为 3 个几何体体积之和。用新奔腾量筋合一软件建模计算。

汇总:基础体积为 6 个基础体积之和,为 22.15 $m^3$

钢筋混凝土基础模板:46.67 $m^2$

5. 回填土

$$回填土体积=基坑体积-垫层-基础体积$$

$$V=109.64-4.97-22.15=82.52\ (m^3)$$

6. 钢龙骨

钢柱重量:8.851 t,钢梁重量:5.536 t

7. 钢筋

现浇钢筋 $\phi$10 以内:0.133 t,现浇钢筋 $\phi$10 以外:0.997 t

8. 贴面

贴面材料为 30 厚黑色机切面洞石干挂,工程量为石材表面积。

$$S=238.06\ (m^2)$$

9. 预埋件

预埋件重量:1.210 t

10. 铁艺门

铁艺门工厂定制,面积为 2.34 $m^2$

11. LOGO 字

4 个

**(二)景观廊架及水池**

1. 平整场地

$$S=15.6\times9=140.4\ (m^2)$$

2. 挖基坑

土方程分为基坑土方和土方开挖两部分,基坑土方量为坑底面积×挖土深度,对面水池为大开挖，用新奔腾量筋合一软件建模计算。

$$V=132.608\ m^3$$

3. 垫层

基础垫层C15混凝土工程量，以体积计算：

$$V=6.045\ m^3$$

模板：$S=2.560\ m^3$

碎石垫层工程量，以体积计算：

$$V=8.84\ m^3$$

4. 基础

柱下为独立基础，底面边长为600，高700，共16个，工程量为底面积×高，以体积计算。

$$V=0.6\times0.6\times0.7\times16=4.03\ (m^3)$$

$$S=13.44\ m^2$$

5. 工字钢柱(300×150×6.5)

建议工字钢规格改为：(300×130×13)

$$L_1=(4.15+0.2)\times16=69.6\ (m)$$

$$L_2=1.05\times8=8.4\ (m)$$

$$L_3=5.9\times8=47.2\ (m)$$

$$L=L_1+L_2+L_3=125.2\ (m)$$

查表工字钢每米理论重量值为：57.504 kg/m

工字钢重量：125.2× 57.504/1 000 =7.200 (t)

钢埋件：0.1 t

地脚螺栓：48个

6. 防腐木板200×30，栗色漆饰面

$$V=0.2\times0.03\times15\times41=3.69\ (m^3)$$

7. M7.5水泥砂浆砌筑砖基础

$$V=0.115\times(0.88+0.15)\times48=5.742\ (m^3)$$

8. 20厚水泥砂浆找平层

$$S=101.940\ (m^2)$$

9. SBS防水卷材3+3

$$S=101.940\ (m^2)$$

10. 20厚水泥砂浆保护层

$$S=101.940\ (m^2)$$

11. 150厚抗渗钢筋混凝土

$$V=96.8\times0.15=14.52\ (m^3)$$

12. 水泥砂浆面层

$$S=129.28\ m^2$$

13. 30 厚抛光面中国黑花岗岩池底

$$S=38.720\ m^2$$

14. 收水石

$$S=4.8\ m^2$$

15. 散置 50 厚深灰砾石

$$V=14.4\ m^2$$

16. 成品铸铁篦子

$$S=5.825\ m^2$$

17. 水池底钢筋

现浇钢筋 $\phi$10 以内:1.100 t

现浇钢筋 $\phi$10 以外:0.091 t

## 四、分类回收站

根据施工图,分类回收站由两个矮墙围成,共设置两处,其工艺流程为,挖基槽、打垫层、砖基础、回填土、地梁、砖墙、抹灰贴面,其各分部分项工程量为:

1. 挖基槽

$$V=(0.68+0.3\times2)\times(3.6+0.24)\times1\times4=19.66\ (m^3)$$

2. 垫层

垫层体积:$V=0.68\times0.1\times(3.6+0.24)\times4=1.04\ (m^3)$

垫层模板:$S=1.560\ m^2$

3. 天然级配砂石 300 厚

$$V=6.228\ m^3$$

4. M7.5 水泥砂浆砌筑砖基础

$$V=[(0.66-0.24)\times0.24+0.12\times(0.24+0.12)+0.12\times(0.24+0.24)]\times(3.6+0.24)\times4=3.10\ (m^3)$$

5. 地梁

地梁体积:$V=0.24\times0.24\times(3.6+0.24)\times4=0.89\ (m^3)$

模板:$S=(3.6+0.24)\times2\times0.24\times4=7.37\ (m^2)$

现浇钢筋 $\phi$10 以内:0.027 t

现浇钢筋 $\phi$10 以外:0.098 t

6.回填土

$$V=V_{挖槽}-V_{垫层}-V_{基础}-V_{地梁}=19.66-1.04-3.10-0.89=14.63\ (m^3)$$

7.M7.5 水泥砂浆砌筑砖墙

$$V=(3.6+0.24)\times0.24\times1.2\times4=4.44\ (m^3)$$

8.抹灰、贴面墙面 20 厚黑色机切面洞石粘贴

$$S=(3.6+0.24)\times(1.2+1.2+0.24)\times4=40.56\ (m^2)$$

9.亚克力文字牌 2个

10.路面透水砖 200×100×60 厚

$$S=45\ m^2$$

## 五、铁艺围栏及消防大门

1.基坑

$$V=(0.7+0.3)\times(0.7+0.3)\times0.7\times43=30.1\ (m^3)$$

2.垫层

$$V=0.7\times0.7\times0.1\times43=2.107\ (m^3)\qquad S_{垫层模板}=12.040\ m^2$$

3.C20 砼基础

$$V=0.5\times0.5\times0.5\times43=5.375\ (m^3)\qquad S_{垫层模板}=43\ m^2$$

现浇钢筋 $\phi$10 以内:0.022 t

4.回填土

$$V=V_{基坑}-V_{垫层}-V_{基础}=(0.7-0.049-0.125)\times43=22.618\ (m^3)$$

5.方钢管铁艺围栏

$$S=497.575\ m^2$$

6.钢板

钢板重量:0.304 t

7.铁艺消防大门(安装、运输、成品)

$$S=20.448\ m^2$$

## 步骤二 套定额取费计算

根据步骤一计算出的景观工程量,利用河北省新奔腾计价软件编制工程造价。分部分项工程量清单综合单价分析表、单价措施项目费分析表、分部分项工程量清单与计价表、单价措施项目清单与计价表、总价措施项目清单与计价表、材料、机械、设备增值税计算表、单位工程费汇总表分别见表 2-8-2 至表 2-8-8。

**表 2-8-2 分部分项工程量清单综合单价分析表**

| 序号 | 项目编码（定额编号） | 项目名称 | 单位 | 数量 | 综合单价（元） | 合价（元） | 综合单价组成（元） | | | | 人工单价（元/工日） |
|---|---|---|---|---|---|---|---|---|---|---|---|
| | | | | | | | 人工费 | 材料费 | 机械费 | 管理费和利润 | |
| 一、还建楼大门 | | | | | | | | | | | |
| 1 | 010101001001 | 平整场地 | $m^2$ | 79.20 | 2.05 | 162.36 | 1.82 | | | 0.23 | 60.00 |
| | [51]A1-39 | 人工平整场地 | 100 $m^2$ | 0.79 | 205.26 | 162.57 | 182.40 | | | 22.86 | 60.00 |
| 2 | 010101004001 | 挖基坑土方 | $m^3$ | 74.52 | 41.19 | 3 069.48 | 36.60 | | | 4.59 | 60.00 |
| | [51]A1-27 | 人工挖地坑三类土 | 100 $m^3$ | 0.75 | 4 120.07 | 3 069.45 | 3 661.20 | | | 458.87 | 60.00 |
| 3 | 010501001001 | 混凝土垫层 | $m^3$ | 4.97 | 294.16 | 1 461.39 | 95.35 | 178.00 | 7.28 | 13.53 | 74.00 |
| | [52]B1-24 | 混凝土垫层 | 10 $m^3$ | 0.50 | 2 940.45 | 1 461.40 | 953.12 | 1 779.32 | 72.73 | 135.28 | 74.00 |
| 4 | 010103001001 | 回填土方 | $m^3$ | 82.52 | 22.04 | 1 818.74 | 17.01 | | 2.50 | 2.53 | 60.00 |
| | [51]A1-41 | 人工回填土，夯填 | 100 $m^3$ | 0.83 | 2 204.21 | 1 818.47 | 1 701.00 | | 250.01 | 253.20 | 60.00 |
| 5 | 010501003003 | 独立基础 | $m^3$ | 22.15 | 296.16 | 6 559.94 | 61.92 | 201.80 | 19.42 | 13.01 | 60.00 |
| | [51]A4-5 换 | 现浇混凝土独立基础 | 10 $m^3$ | 2.22 | 2 961.60 | 6 559.94 | 619.20 | 2 018.01 | 194.24 | 130.15 | 60.00 |
| 6 | 060212019001 | 钢梁架设 | t | 5.54 | 4 393.33 | 24 321.47 | 31.20 | 4 232.46 | 107.48 | 22.19 | 60.00 |
| | [51]A9-171 换 | 金属结构构件安装，钢梁 | t | 5.54 | 4 393.33 | 24 321.47 | 31.20 | 4 232.46 | 107.48 | 22.19 | 60.00 |
| 7 | 010603002001 | 空腹钢柱 | t | 8.85 | 5 103.01 | 45 166.74 | 453.00 | 4 385.62 | 165.44 | 98.95 | 60.00 |
| | [51]A9-168 换 | 钢柱安装，每根重量 4 t 以内 | t | 8.85 | 5 103.01 | 45 166.74 | 453.00 | 4 385.62 | 165.44 | 98.95 | 60.00 |
| 8 | 011205001001 | 石材柱面 | $m^2$ | 238.06 | 259.17 | 61 698.01 | 90.89 | 150.90 | 4.53 | 12.85 | 84.00 |
| | [52]B2-198 | 柱（梁）面干挂花岗岩 | 100 $m^2$ | 2.38 | 25 912.18 | 61 696.90 | 9 087.96 | 15 087.57 | 452.52 | 1 284.13 | 84.00 |
| 9 | 010804005001 | 金属格栅门 | 樘 | 2.34 | 224.67 | 525.73 | 57.85 | 135.93 | 20.17 | 10.74 | 74.00 |
| | [51]A5-41 换 | 铁栅门制作、安装 | 100 $m^2$ | 0.02 | 22 858.00 | 525.73 | 5 885.22 | 13 829.51 | 2 051.54 | 1 091.73 | 74.00 |
| 10 | 060212016001 | 现浇混凝土构件钢筋 | t | 2.34 | 9 055.67 | 21 190.27 | 2 151.06 | 5 148.74 | 1 188.19 | 567.66 | 60.00 |

续表 2-8-2

| 序号 | 项目编码（定额编号） | 项目名称 | 单位 | 数量 | 综合单价（元） | 合价(元) | 综合单价组成(元) | | | | 人工单价（元/工日） |
|---|---|---|---|---|---|---|---|---|---|---|---|
| | | | | | | | 人工费 | 材料费 | 机械费 | 管理费和利润 | |
| | [55]1-361 | 现浇构件钢筋直径 10 mm 以内 | t | 0.13 | 5 495.50 | 730.90 | 839.88 | 4 444.39 | 58.51 | 152.72 | 60.00 |
| | [55]1-362 | 现浇构件钢筋直径 20 mm 以内 | t | 1.00 | 5 501.30 | 5 484.80 | 507.78 | 4 728.00 | 153.16 | 112.36 | 60.00 |
| | [55]1-365 | 铁件制作、安装 | t | 1.21 | 12 375.67 | 14 974.56 | 3 649.20 | 5 572.84 | 2 165.19 | 988.44 | 60.00 |
| 11 | 01B001 | LOGO 字 | 个 | 4.00 | 1 000.00 | 4 000.00 | | 1 000.00 | | | |
| | | LOGO 字 | 个 | 4.00 | 1 000.00 | 4 000.00 | | 1 000.00 | | | |
| 二、还建楼景观廊架及水池 | | | | | | | | | | | |
| 12 | 010101001002 | 平整场地 | $m^2$ | 140.40 | 2.05 | 287.82 | 1.82 | | | 0.23 | 60.00 |
| | [51]A1-39 | 人工平整场地 | 100 $m^2$ | 1.40 | 205.26 | 288.19 | 182.40 | | | 22.86 | 60.00 |
| 13 | 010101004002 | 挖基坑土方 | $m^3$ | 77.68 | 41.21 | 3 201.19 | 36.62 | | | 4.59 | 60.00 |
| | [51]A1-27 | 人工挖地坑三类土 | 100 $m^3$ | 0.78 | 4 120.07 | 3 201.29 | 3 661.20 | | | 458.87 | 60.00 |
| 14 | 010404001001 | 垫层 | $m^3$ | 14.89 | 3 210.58 | 47 789.48 | 924.71 | 2 040.33 | 84.12 | 161.41 | 60.00 |
| | [52]B1-24 | 混凝土垫层 | 10 $m^3$ | 9.01 | 2 760.13 | 24 854.97 | 772.80 | 1 779.32 | 72.73 | 135.28 | 60.00 |
| | [52]B1-9 | 碎石灌浆垫层 | 10 $m^3$ | 13.16 | 1 743.01 | 22 934.53 | 517.20 | 1 090.40 | 45.39 | 90.02 | 60.00 |
| 15 | 010501003001 | 独立基础 | $m^3$ | 4.03 | 346.93 | 1 398.82 | 86.36 | 226.19 | 19.98 | 14.40 | 74.00 |
| | [51]A4-5 换 | 现浇混凝土独立基础 | 10 $m^3$ | 0.40 | 2 898.97 | 1 168.28 | 763.68 | 1 810.90 | 194.24 | 130.15 | 74.00 |
| | [51]A4-330 | 钢筋制作、安装，现浇构件 | t | 0.04 | 5 623.49 | 230.56 | 986.49 | 4 444.39 | 55.72 | 136.89 | 74.00 |
| 16 | 040901007001 | 型钢 | t | 7.30 | 9 891.87 | 72 210.65 | 814.80 | 5 050.82 | 3 358.52 | 667.73 | 60.00 |
| | [53]5-2231 换 | 钢板组合工字钢制作 | t | 7.30 | 9 839.27 | 71 826.67 | 814.80 | 4 998.22 | 3 358.52 | 667.73 | 60.00 |
| | | 地脚螺栓 | 个 | 48.00 | 8.00 | 384.00 | | 8.00 | | | |

续表 2-8-2

| 序号 | 项目编码（定额编号） | 项目名称 | 单位 | 数量 | 综合单价（元） | 合价（元） | 综合单价组成（元） | | | | 人工单价（元/工日） |
|---|---|---|---|---|---|---|---|---|---|---|---|
| | | | | | | | 人工费 | 材料费 | 机械费 | 管理费和利润 | |
| 17 | 050303009001 | 木(防腐木)屋面 | $m^3$ | 3.69 | 4 283.31 | 15 805.41 | 1 312.80 | 2 760.46 | | 210.05 | 60.00 |
| | [51]A5-83 | 方木梁 | $m^3$ | 3.69 | 4 283.31 | 15 805.41 | 1 312.80 | 2 760.46 | | 210.05 | 60.00 |
| 18 | 010401001002 | 砖基础 | $m^3$ | 5.74 | 1 747.41 | 10 030.13 | 335.47 | 1 331.39 | 23.16 | 57.39 | 60.00 |
| | [51]A3-1 换 | 砖基础 | 10 $m^3$ | 3.30 | 3 044.05 | 10 030.14 | 584.40 | 2 319.33 | 40.35 | 99.97 | 60.00 |
| 19 | 011101006001 | 平面砂浆找平层 | $m^2$ | 101.94 | 10.14 | 1 033.67 | 4.59 | 4.51 | 0.26 | 0.78 | 60.00 |
| | [52]B1-27 | 水泥砂浆在硬基层上找平层 | 100 $m^2$ | 1.02 | 1 014.39 | 1 033.66 | 459.60 | 451.25 | 25.86 | 77.68 | 60.00 |
| 20 | 080403003001 | 卷材防水 | $m^2$ | 101.94 | 54.12 | 5 516.99 | 4.31 | 49.12 | | 0.69 | 60.00 |
| | [51]A7-50 | SBS 改性沥青防水卷材防水层,冷贴一层 | 100 $m^2$ | 1.02 | 2 803.67 | 2 856.94 | 227.88 | 2 539.33 | | 36.46 | 60.00 |
| | [51]A7-51 | SBS 改性沥青防水卷材防水层,冷贴每增一层 | 100 $m^2$ | 1.02 | 2 610.76 | 2 660.36 | 203.34 | 2 374.89 | | 32.53 | 60.00 |
| 21 | 040601011001 | 现浇混凝土板 | $m^3$ | 14.52 | 788.97 | 11 455.84 | 149.91 | 595.80 | 16.62 | 26.64 | 60.00 |
| | [51]A4-58 | 现浇混凝土板后浇带 | 10 $m^3$ | 1.45 | 3 428.79 | 4 978.60 | 862.80 | 2 294.73 | 114.84 | 156.42 | 60.00 |
| | [51]A4-330 | 钢筋制作、安装,现浇构件 | t | 1.10 | 5 436.86 | 5 980.55 | 799.86 | 4 444.39 | 55.72 | 136.89 | 60.00 |
| | [51]A4-331 | 钢筋制作、安装,现浇构件 | t | 0.09 | 5 458.19 | 496.70 | 483.60 | 4 728.00 | 145.87 | 100.72 | 60.00 |
| 22 | 040308001001 | 水泥砂浆抹面 | $m^2$ | 129.28 | 10.15 | 1 312.19 | 4.60 | 4.51 | 0.26 | 0.78 | 60.00 |
| | [52]B1-27 | 水泥砂浆在硬基层上找平层 | 100 $m^2$ | 1.29 | 1 014.39 | 1 311.61 | 459.60 | 451.25 | 25.86 | 77.68 | 60.00 |
| 23 | 060104013001 | 面层 | $m^2$ | 38.72 | 5.30 | 205.22 | 3.95 | 0.82 | | 0.53 | 84.00 |
| | [52]B1-407 | 石材底面刷养护液,亚光石材,花岗岩 | 100 $m^2$ | 0.39 | 529.94 | 205.09 | 394.80 | 82.50 | | 52.64 | 84.00 |
| 24 | 01B002 | 收水石 | $m^2$ | 4.80 | 1 000.00 | 4 800.00 | | 1 000.00 | | | |

续表 2-8-2

| 序号 | 项目编码（定额编号） | 项目名称 | 单位 | 数量 | 综合单价（元） | 合价（元） | 综合单价组成（元） | | | | 人工单价（元/工日） |
|---|---|---|---|---|---|---|---|---|---|---|---|
| | | | | | | | 人工费 | 材料费 | 机械费 | 管理费和利润 | |
| | | 收水石 | $m^2$ | 4.80 | 1 000.00 | 4 800.00 | | 1 000.00 | | | |
| 25 | 01B003 | 散置 50 厚深灰砾石 | $m^2$ | 14.40 | 130.00 | 1 872.00 | | 130.00 | | | |
| | | 散置 50 厚深灰砾石 | $m^2$ | 14.40 | 130.00 | 1 872.00 | | 130.00 | | | |
| 26 | 01B004 | 成品铸铁篦子 | $m^2$ | 5.85 | 1 000.00 | 5 852.00 | | 1 000.00 | | | |
| | | 成品铸铁篦子 | $m^2$ | 5.85 | 1 000.00 | 5 852.00 | | 1 000.00 | | | |
| 三、分类回收站 | | | | | | | | | | | |
| 27 | 010101003001 | 挖沟槽土方 | $m^3$ | 19.66 | 35.05 | 689.08 | 31.15 | | | 3.90 | 60.00 |
| | [51]A1-15 | 人工挖沟槽三类土 | 100 $m^3$ | 0.20 | 3 498.21 | 689.15 | 3 108.60 | | | 389.61 | 60.00 |
| 28 | 010501001003 | 垫层 | $m^3$ | 1.04 | 294.05 | 305.81 | 95.31 | 177.93 | 7.27 | 13.53 | 74.00 |
| | [52]B1-24 | 混凝土垫层 | 10 $m^3$ | 0.10 | 2 940.45 | 305.81 | 953.12 | 1 779.32 | 72.73 | 135.28 | 74.00 |
| 29 | 010401001001 | 砖基础 | $m^3$ | 3.10 | 315.48 | 977.99 | 72.08 | 229.38 | 4.04 | 10.00 | 74.00 |
| | [51]A3-1 | 砖基础 | 10 $m^3$ | 0.31 | 3 154.85 | 978.00 | 720.76 | 2 293.77 | 40.35 | 99.97 | 74.00 |
| 30 | 010103001002 | 回填方 | $m^3$ | 14.63 | 22.00 | 321.86 | 16.98 | | 2.49 | 2.53 | 60.00 |
| | [51]A1-41 | 人工回填土，夯填 | 100 $m^3$ | 0.15 | 2 204.21 | 321.81 | 1 701.00 | | 250.01 | 253.20 | 60.00 |
| 31 | 010401003001 | 实心砖墙 | $m^3$ | 4.44 | 364.10 | 1 616.60 | 98.52 | 245.86 | 3.41 | 16.31 | 60.00 |
| | [51]A3-2 换 | 砖砌内外墙（墙厚一砖以内） | 10 $m^3$ | 0.44 | 3 641.00 | 1 616.60 | 985.20 | 2 458.57 | 34.14 | 163.09 | 60.00 |
| 32 | 060104013002 | 面层 | $m^2$ | 40.56 | 177.23 | 7 188.45 | 46.48 | 122.19 | 2.03 | 6.53 | 84.00 |
| | [52]B2-122 | 标准砖墙面水泥砂浆粘贴花岗岩 | 100 $m^2$ | 0.41 | 17 705.09 | 7 188.27 | 4 643.52 | 12 206.74 | 203.18 | 651.65 | 84.00 |
| 33 | 050307009001 | 标志牌 | 个 | 2.00 | 742.56 | 1 485.12 | 655.20 | | | 87.36 | 84.00 |
| | 3-166 换 | 亚克力标志牌，刻字 | $m^2$ | 2.00 | 742.56 | 1 485.12 | 655.20 | | | 87.36 | 84.00 |

续表 2-8-2

| 序号 | 项目编码（定额编号） | 项目名称 | 单位 | 数量 | 综合单价（元） | 合价（元） | 综合单价组成（元） | | | | 人工单价（元/工日） |
|---|---|---|---|---|---|---|---|---|---|---|---|
| | | | | | | | 人工费 | 材料费 | 机械费 | 管理费和利润 | |
| 34 | 060104013003 | 面层 | $m^2$ | 45.00 | 73.62 | 3 312.90 | 9.18 | 62.97 | | 1.47 | 60.00 |
| | 2-33 | 路面铺筑，透水砖［透水砖］ | 10 $m^2$ | 4.50 | 736.16 | 3 312.72 | 91.80 | 629.67 | | 14.69 | 60.00 |
| 35 | 010503004001 | 圈梁 | $m^3$ | 0.89 | 1 145.82 | 1 019.78 | 221.31 | 858.44 | 25.56 | 40.51 | 60.00 |
| | [51]A4-23 | 现浇钢筋混凝土圈梁 | 10 $m^3$ | 0.09 | 3 733.37 | 332.27 | 1 399.20 | 2 030.05 | 69.18 | 234.94 | 60.00 |
| | [55]1-361 | 现浇构件钢筋直径 10 mm 以内 | t | 0.03 | 5 495.50 | 148.38 | 839.88 | 4 444.39 | 58.51 | 152.72 | 60.00 |
| | [55]1-362 | 现浇构件钢筋直径 20 mm 以内 | t | 0.10 | 5 501.30 | 539.13 | 507.78 | 4 728.00 | 153.16 | 112.36 | 60.00 |
| 四、铁艺围栏及消防大门 | | | | | | | | | | | |
| 36 | 010101004003 | 挖基坑土方 | $m^3$ | 30.10 | 41.20 | 1 240.12 | 36.61 | | | 4.59 | 60.00 |
| | [51]A1-27 | 人工挖地坑三类土 | 100 $m^3$ | 0.30 | 4 120.07 | 1 240.14 | 3 661.20 | | | 458.87 | 60.00 |
| 37 | 010501001004 | 垫层 | $m^3$ | 12.04 | 300.15 | 3 613.81 | 97.29 | 181.63 | 7.42 | 13.81 | 74.00 |
| | [52]B1-24 | 混凝土垫层 | 10 $m^3$ | 1.23 | 2 940.45 | 3 613.81 | 953.12 | 1 779.32 | 72.73 | 135.28 | 74.00 |
| 38 | 010501003002 | 独立基础 | $m^3$ | 43.00 | 314.56 | 13 526.08 | 76.78 | 205.25 | 19.45 | 13.09 | 74.00<br>60.00 |
| | [51]A4-5 | 现浇混凝土独立基础 | 10 $m^3$ | 4.30 | 3 117.82 | 13 406.63 | 763.68 | 2 029.75 | 194.24 | 130.15 | 74.00 |
| | [51]A4-330 | 钢筋制作、安装，现浇构件 | t | 0.02 | 5 436.86 | 119.61 | 799.86 | 4 444.39 | 55.72 | 136.89 | 60.00 |
| 39 | 010103001003 | 回填方 | $m^3$ | 22.62 | 20.95 | 473.85 | 16.17 | | 2.38 | 2.40 | 60.00 |
| | [51]A1-41 | 人工回填土，夯填 | 100 $m^3$ | 0.22 | 2 204.21 | 473.91 | 1 701.00 | | 250.01 | 253.20 | 60.00 |
| 40 | 010804005002 | 金属格栅门 | 樘 | 20.49 | 228.71 | 4 685.81 | 58.89 | 138.37 | 20.53 | 10.93 | 74.00 |
| | [51]A5-41 换 | 铁栅门制作、安装 | 100 $m^2$ | 0.21 | 22 858.00 | 4 685.89 | 5 885.22 | 13 829.51 | 2 051.54 | 1 091.73 | 74.00 |

续表 2-8-2

| 序号 | 项目编码（定额编号） | 项目名称 | 单位 | 数量 | 综合单价（元） | 合价(元) | 综合单价组成(元) | | | | 人工单价（元/工日） |
|---|---|---|---|---|---|---|---|---|---|---|---|
| | | | | | | | 人工费 | 材料费 | 机械费 | 管理费和利润 | |
| 41 | 010516002001 | 预埋铁件 | t | 0.30 | 11 996.35 | 3 646.89 | 3 475.43 | 5 572.83 | 2 062.07 | 885.99 | 60.00 |
| | [51]A4-336 | 铁件制作、安装 | t | 0.30 | 11 996.36 | 3 646.89 | 3 475.44 | 5 572.84 | 2 062.08 | 886.00 | 60.00 |
| 42 | 010607002001 | 成品栅栏 | $m^2$ | 497.58 | 320.00 | 159 224.00 | | 320.00 | | | |
| | | 方钢管铁艺围栏 | $m^2$ | 497.58 | 320.00 | 159 224.00 | | 320.00 | | | |

**表 2-8-3　单价措施项目工程量清单综合单价分析表**

| 序号 | 项目编码（定额编号） | 项目名称 | 单位 | 数量 | 综合单价（元） | 合价(元) | 综合单价组成(元) | | | | 人工单价（元/工日） |
|---|---|---|---|---|---|---|---|---|---|---|---|
| | | | | | | | 人工费 | 材料费 | 机械费 | 管理费和利润 | |
| 1 | 011702001001 | 基础模板 | $m^2$ | 122.130 | 42.67 | 5 211.29 | 6.51 | 34.45 | 0.57 | 1.14 | 60.00 |
| | [51]A12-77 | 现浇混凝土基础垫层木模板[水泥砂浆 1:2(中砂)] | 100 $m^2$ | 1.221 | 4 268.46 | 5 211.79 | 651.60 | 3 446.07 | 57.35 | 113.44 | 60.00 |

表 2-8-4 分部分项工程量清单与计价表

| 序号 | 项目编码 | 项目名称 | 项目特征 | 计量单位 | 工程数量 | 金额(元) | |
|---|---|---|---|---|---|---|---|
| | | | | | | 综合单价 | 合价 |
| 一、还建楼大门 | | | | | | | |
| 1 | 010101001001 | 平整场地 | | $m^2$ | 79.20 | 2.05 | 162.36 |
| 2 | 010101004001 | 挖基坑土方 | | $m^3$ | 74.52 | 41.19 | 3 069.48 |
| 3 | 010501001001 | 混凝土垫层 | | $m^3$ | 4.97 | 294.16 | 1 461.39 |
| 4 | 010103001001 | 回填土方 | | $m^3$ | 82.52 | 22.04 | 1 818.74 |
| 5 | 010501003003 | 独立基础 | | $m^3$ | 22.15 | 296.16 | 6 559.94 |
| 6 | 060212019001 | 钢梁架设 | | t | 5.54 | 4 393.33 | 24 321.47 |
| 7 | 010603002001 | 空腹钢柱 | | t | 8.85 | 5 103.01 | 45 166.74 |
| 8 | 011205001001 | 石材柱面 | | $m^2$ | 238.06 | 259.17 | 61 698.01 |
| 9 | 010804005001 | 金属格栅门 | | 樘 | 2.34 | 224.67 | 525.73 |
| 10 | 060212016001 | 现浇混凝土构件钢筋 | | t | 2.34 | 9 055.67 | 21 190.27 |
| 11 | 01B001 | LOGO 字 | | 个 | 4.00 | 1 000.00 | 4 000.00 |
| 二、景观廊架及水池 | | | | | | | |
| 1 | 010101001002 | 平整场地 | | $m^2$ | 140.40 | 2.05 | 287.82 |
| 2 | 010101004002 | 挖基坑土方 | | $m^3$ | 77.68 | 41.21 | 3 201.19 |
| 3 | 010404001001 | 垫层 | | $m^3$ | 14.89 | 3 210.58 | 47 789.48 |
| 4 | 010501003001 | 独立基础 | | $m^3$ | 4.03 | 346.93 | 1 398.82 |
| 5 | 040901007001 | 型钢 | | t | 7.30 | 9 891.87 | 72 210.65 |
| 6 | 050303009001 | 木(防腐木)屋面 | | $m^3$ | 3.69 | 4 283.31 | 15 805.41 |
| 7 | 010401001002 | 砖基础 | | $m^3$ | 5.74 | 1 747.41 | 10 030.13 |
| 8 | 011101006001 | 平面砂浆找平层 | | $m^2$ | 101.94 | 10.14 | 1 033.67 |
| 9 | 080403003001 | 卷材防水 | | $m^2$ | 101.94 | 54.12 | 5 516.99 |
| 10 | 040601011001 | 现浇混凝土板 | | $m^3$ | 14.52 | 788.97 | 11 455.84 |
| 11 | 040308001001 | 水泥砂浆抹面 | | $m^2$ | 129.28 | 10.15 | 1 312.19 |
| 12 | 060104013001 | 面层 | | $m^2$ | 38.72 | 5.30 | 205.22 |
| 13 | 01B002 | 收水石 | | $m^2$ | 4.80 | 1 000.00 | 4 800.00 |
| 14 | 01B003 | 散置 50 厚深灰砾石 | | $m^2$ | 14.40 | 130.00 | 1 872.00 |
| 15 | 01B004 | 成品铸铁篦子 | | $m^2$ | 5.85 | 1 000.00 | 5 852.00 |
| 三、分类回收站 | | | | | | | |
| 1 | 010101003001 | 挖沟槽土方 | | $m^3$ | 19.66 | 35.05 | 689.08 |
| 2 | 010501001003 | 垫层 | | $m^3$ | 1.04 | 294.05 | 305.81 |

续表 2-8-4

| 序号 | 项目编码 | 项目名称 | 项目特征 | 计量单位 | 工程数量 | 金额(元) | |
|---|---|---|---|---|---|---|---|
| | | | | | | 综合单价 | 合价 |
| 3 | 010401001001 | 砖基础 | | $m^3$ | 3.10 | 315.48 | 977.99 |
| 4 | 010103001002 | 回填方 | | $m^3$ | 14.63 | 22.00 | 321.86 |
| 5 | 010401003001 | 实心砖墙 | | $m^3$ | 4.44 | 364.10 | 1 616.60 |
| 6 | 060104013002 | 面层 | | $m^2$ | 40.56 | 177.23 | 7 188.45 |
| 7 | 050307009001 | 标志牌 | | 个 | 2.00 | 742.56 | 1 485.12 |
| 8 | 060104013003 | 面层 | | $m^2$ | 45.00 | 73.62 | 3 312.90 |
| 9 | 010503004001 | 圈梁 | | $m^3$ | 0.89 | 1 145.82 | 1 019.78 |
| 四、铁艺围栏及消防大门 | | | | | | | |
| 1 | 010101004003 | 挖基坑土方 | | $m^3$ | 30.10 | 41.20 | 1 240.12 |
| 2 | 010501001004 | 垫层 | | $m^3$ | 12.04 | 300.15 | 3 613.81 |
| 3 | 010501003002 | 独立基础 | | $m^3$ | 43.00 | 314.56 | 13 526.08 |
| 4 | 010103001003 | 回填方 | | $m^3$ | 22.62 | 20.95 | 473.85 |
| 5 | 010804005002 | 金属格栅门 | | 樘 | 20.49 | 228.71 | 4 685.81 |
| 6 | 010516002001 | 预埋铁件 | | t | 0.30 | 11 996.35 | 3 646.89 |
| 7 | 010607002001 | 成品栅栏 | | $m^2$ | 497.58 | 320.00 | 159 224.00 |
| 合计 | | | | | | | 556 073.69 |

**表 2-8-5　单价措施项目工程量清单与计价表**

| 序号 | 项目编码 | 项目名称 | 项目特征 | 计量单位 | 工程数量 | 金额(元) | |
|---|---|---|---|---|---|---|---|
| | | | | | | 综合单价 | 合价 |
| | | 模板工程 | | | | | |
| 1 | 011702001001 | 基础模板 | | $m^2$ | 122.130 | 42.67 | 5 211.29 |
| | | 小计 | | | | | 5 211.29 |
| | | 本页小计 | | | | | 5 211.29 |
| 合计 | | | | | | | 5 211.29 |

**表 2-8-6　总价措施项目清单与计价表**

| 序号 | 项目编码 | 项目名称 | 金额(元) |
|---|---|---|---|
| 1.安全生产、文明施工费 | | | |
| 1 | 050405001001 | 安全生产、文明施工费 | 22 231.76 |
| 小计 | | | 22 231.76 |

表 2-8-7　材料、机械、设备增值税计算表

| 编码 | 名称及型号规格 | 单位 | 数量 | 除税系数（%） | 含税价格（元） | 含税价格合计（元） | 除税价格（元） | 除税价格合计（元） | 进项税额合计（元） | 销项税额合计（元） |
|---|---|---|---|---|---|---|---|---|---|---|
| 材料 | | | | | | | | | | |
| | 地脚螺栓 | 个 | 48.00 | 14.25 | 8.00 | 384 | 6.86 | 329.28 | 54.72 | 36.22 |
| AA1C0001 | 钢筋 ϕ10 以内 | t | 0.29 | | 4 290.00 | 1 255.68 | 4 289.99 | 1 255.68 | | 138.12 |
| AA1C0001 | 钢筋 ϕ10 以内 | t | 1.22 | 14.25 | 4 290.00 | 5 228.22 | 3 678.67 | 4 483.20 | 745.02 | 493.15 |
| AA1C0002 | 钢筋 ϕ20 以内 | t | 0.09 | 14.25 | 4 500.00 | 425.7 | 3 858.77 | 365.04 | 60.66 | 40.15 |
| AA1C0011 | 钢筋 | kg | | 14.25 | 4.45 | | 0.00 | | | |
| AC4C0084 | 钢材 | t | 0.66 | 14.25 | 4 400.00 | 2 885.08 | 3 773.01 | 2 473.96 | 411.12 | 272.14 |
| BA2C1011 | 一等方木 | $m^3$ | 4.06 | 14.25 | 2 500.00 | 10 147.5 | 2 143.75 | 8 701.48 | 1 446.02 | 957.16 |
| BA2C1013 | 二等方木 | $m^3$ | 0.01 | 14.25 | 2 100.00 | 14.49 | 1 801.45 | 12.43 | 2.06 | 1.37 |
| BA2C1013 | 二等方木 | $m^3$ | 0.12 | | 2 100.00 | 255.57 | 2 100.00 | 255.57 | | 28.11 |
| BA2C1014 | 二等圆木 | $m^3$ | 0.04 | | 1 800.00 | 79.74 | 1 800.00 | 79.74 | | 8.77 |
| BA2C1016 | 木模板 | $m^3$ | 1.77 | 14.25 | 2 300.00 | 4 060.19 | 1 972.25 | 3 481.61 | 578.58 | 382.98 |
| BA2C1023 | 支撑方木 | $m^3$ | 0.01 | 14.25 | 2 300.00 | 18.63 | 1 972.84 | 15.98 | 2.65 | 1.76 |
| BA2C1025 | 方木垫 | $m^3$ | 0.05 | | 2 000.00 | 99.6 | 2 000.00 | 99.60 | | 10.96 |
| BA3-0111 | 方木 | $m^3$ | 0.73 | 14.25 | 2 300.00 | 1 679 | 1 972.25 | 1 439.74 | 239.26 | 158.37 |
| BB1-0101 | 水泥 32.5 | t | 55.85 | 14.25 | 360.00 | 20 105.71 | 308.70 | 17 240.65 | 2 865.06 | 1 896.47 |
| BB1-0102 | 水泥 42.5 | t | 11.86 | 14.25 | 390.00 | 4 626.02 | 334.42 | 3 966.81 | 659.21 | 436.35 |
| BB3-0129 | 白水泥 | kg | 6.29 | 14.25 | 0.66 | 4.15 | 0.57 | 3.56 | 0.59 | 0.39 |
| BC1-0002 | 生石灰 | t | 3.75 | 14.25 | 290.00 | 1 088.34 | 248.67 | 933.25 | 155.09 | 102.66 |
| BC3-0030 | 碎石 | t | 473.92 | 2.86 | 42.00 | 19 904.77 | 40.80 | 19 335.49 | 569.28 | 2 126.90 |
| BC4-0013 | 中砂 | t | 223.40 | 2.86 | 30.00 | 6 702.04 | 29.14 | 6 510.36 | 191.68 | 716.14 |

续表 2-8-7

| 编码 | 名称及型号规格 | 单位 | 数量 | 除税系数（%） | 含税价格（元） | 含税价格合计（元） | 除税价格（元） | 除税价格合计（元） | 进项税额合计（元） | 销项税额合计（元） |
|---|---|---|---|---|---|---|---|---|---|---|
| BC4-0016 | 中砂 | $m^3$ | 2.25 | 2.86 | 35.00 | 78.75 | 34.00 | 76.50 | 2.25 | 8.42 |
| BD1-0001 | 标准砖 240×115×53 | 千块 | 21.39 | 14.25 | 380.00 | 8 127.93 | 325.85 | 6 969.70 | 1 158.23 | 766.67 |
| BK1-0005 | 塑料薄膜 | $m^2$ | 175.74 | 14.25 | 0.80 | 140.59 | 0.69 | 120.56 | 20.03 | 13.26 |
| CA1-0004 | 电焊条 结 422 φ3.2 | kg | 416.25 | 14.25 | 4.85 | 2 018.79 | 4.16 | 1 731.11 | 287.68 | 190.42 |
| CA1C0007 | 电焊条 结 422 | kg | 13.09 | 14.25 | 4.14 | 54.2 | 3.55 | 46.48 | 7.72 | 5.11 |
| CA1C0007 | 电焊条 结 422 | kg | 153.63 | | 4.14 | 636.01 | 4.14 | 636.01 | | 69.96 |
| CA1C0007 | 电焊条 结 422 | kg | 87.30 | | 4.14 | 361.41 | 4.14 | 361.41 | | 39.76 |
| CSCLF | 措施费中的材料费 | 元 | | 6.00 | 1.00 | | 0.00 | | | |
| CZB11-002 | 直角扣件 ≥1.1 kg/套 | 百套·天 | | 14.25 | 1.00 | | 0.00 | | | |
| CZB11-003 | 对接扣件 ≥1.25 kg/套 | 百套·天 | | 14.25 | 1.00 | | 0.00 | | | |
| CZB12-001 | 复合木模板 | $m^2$ | | 14.25 | 33.00 | | 0.00 | | | |
| CZB12-002 | 组合钢模板 | t·天 | 4.53 | 14.25 | 11.00 | 49.82 | 9.43 | 42.72 | 7.10 | 4.70 |
| CZB12-111 | 支撑钢管 φ48.3×3.6 | 百米·天 | | 14.25 | 1.60 | | 0.00 | | | |
| CZMB-101 | 快易收口网 | $m^2$ | | 14.25 | 2.20 | | 0.00 | | | |
| DA1-0027 | 清油 Y00-1 | kg | 1.48 | 14.25 | 17.00 | 25.11 | 14.58 | 21.53 | 3.58 | 2.37 |
| DA1-0049 | 聚丁胶黏合剂 | kg | 115.89 | 14.25 | 15.00 | 1 738.36 | 12.86 | 1 490.64 | 247.72 | 163.97 |
| DA1-0091 | SBS 弹性沥青防水胶 | kg | 29.47 | 14.25 | 8.70 | 256.38 | 7.46 | 219.85 | 36.53 | 24.18 |
| DR1-0032 | 松节油 | kg | 1.67 | 14.25 | 7.40 | 12.37 | 6.34 | 10.61 | 1.76 | 1.17 |
| DR1-0033 | 防腐油 | kg | 4.54 | 14.25 | 3.20 | 14.52 | 2.74 | 12.45 | 2.07 | 1.37 |
| EA1-0039 | 煤油 | kg | 11.15 | 14.25 | 11.90 | 132.66 | 10.20 | 113.76 | 18.90 | 12.51 |
| EB1-0010 | 草酸 | kg | 2.79 | 14.25 | 6.00 | 16.72 | 5.15 | 14.34 | 2.38 | 1.58 |

续表 2-8-7

| 编码 | 名称及型号规格 | 单位 | 数量 | 除税系数（%） | 含税价格（元） | 含税价格合计（元） | 除税价格（元） | 除税价格合计（元） | 进项税额合计（元） | 销项税额合计（元） |
|---|---|---|---|---|---|---|---|---|---|---|
| EB1-0109 | 氧气 | $m^3$ | 0.43 | 14.25 | 4.67 | 2.02 | 3.99 | 1.73 | 0.29 | 0.19 |
| EB1-0109 | 氧气 | $m^3$ | 106.52 | | 4.67 | 497.44 | 4.67 | 497.44 | | 54.72 |
| EB1-0112 | 乙炔气 | $m^3$ | 0.19 | 14.25 | 42.00 | 7.95 | 36.03 | 6.82 | 1.13 | 0.75 |
| EB1-0112 | 乙炔气 | $m^3$ | 4.89 | | 42.00 | 205.24 | 42.00 | 205.24 | | 22.58 |
| EF1-0009 | 隔离剂 | kg | 12.95 | 14.25 | 0.98 | 12.69 | 0.84 | 10.88 | 1.81 | 1.20 |
| FB3-0001 | SBS 改性沥青防水卷材 3 mm | $m^2$ | 243.50 | 14.25 | 12.00 | 2 922 | 10.29 | 2 505.61 | 416.39 | 275.62 |
| FG1-0001 | 钢筋 20 以内 | t | 1.14 | | 4 500.00 | 5 124.6 | 4 500.00 | 5 124.60 | | 563.71 |
| FG1-0012 | 型钢 | t | 0.24 | | 4 450.00 | 1 084.47 | 4 450.02 | 1 084.47 | | 119.29 |
| FG1-0013 | 钢管 | t | 0.08 | | 4 470.00 | 365.2 | 4 470.01 | 365.20 | | 40.17 |
| FG1-0014 | 锻铁 | t | 0.24 | | 5 630.00 | 1 372.03 | 5 630.00 | 1 372.03 | | 150.92 |
| FG1-0015 | 钢板 | t | 0.89 | | 4 475.00 | 3 990.81 | 4 475.01 | 3 990.81 | | 438.99 |
| HSB-0035 | 改性沥青嵌缝油膏 | kg | 11.35 | 14.25 | 8.00 | 90.83 | 6.86 | 77.89 | 12.94 | 8.57 |
| IA1-0208 | 膨胀螺栓 | 套 | 1 888.61 | 14.25 | 0.60 | 1 133.17 | 0.51 | 971.69 | 161.48 | 106.89 |
| IA2C0071 | 铁钉 | kg | 28.56 | 14.25 | 5.50 | 157.08 | 4.72 | 134.70 | 22.38 | 14.82 |
| ID1-0004 | 合金钢钻头 | 个 | 9.45 | 14.25 | 7.00 | 66.17 | 6.00 | 56.74 | 9.43 | 6.24 |
| ID2-0002 | 尼龙砂轮片 ϕ100 | 片 | 50.44 | 14.25 | 10.40 | 524.61 | 8.92 | 449.85 | 74.76 | 49.48 |
| IE1-0202 | 铁件 | kg | 3.56 | | 7.00 | 24.93 | 7.00 | 24.93 | | 2.74 |
| IE1C0216 | 垫铁 | kg | 252.61 | | 4.00 | 1 010.43 | 4.00 | 1 010.43 | | 111.15 |
| IE2-0001 | 不锈钢连接件(墙上石材干挂专用) | 套 | 1 888.61 | 14.25 | 3.50 | 6 610.13 | 3.00 | 5 668.19 | 941.94 | 623.50 |
| IF2-0101 | 镀锌铁丝 8# | kg | 8.14 | | 5.00 | 40.7 | 5.00 | 40.70 | | 4.48 |
| IF2-0101 | 镀锌铁丝 8# | kg | 0.01 | 14.25 | 5.00 | 0.03 | 4.35 | 0.03 | | |

续表 2-8-7

| 编码 | 名称及型号规格 | 单位 | 数量 | 除税系数（%） | 含税价格（元） | 含税价格合计（元） | 除税价格（元） | 除税价格合计（元） | 进项税额合计（元） | 销项税额合计（元） |
|---|---|---|---|---|---|---|---|---|---|---|
| IF2-0108 | 镀锌铁丝 22# | kg | 0.42 | 14.25 | 6.70 | 2.81 | 5.74 | 2.41 | 0.40 | 0.27 |
| IF2-0108 | 镀锌铁丝 22# | kg | 17.06 | | 6.70 | 114.29 | 6.70 | 114.29 | | 12.57 |
| ZA1-0002 | 水 | $m^3$ | 222.21 | 2.86 | 5.00 | 1 111.05 | 4.86 | 1 079.27 | 31.78 | 118.72 |
| ZA1-0002 | 水 | $m^3$ | 0.16 | | 5.00 | 0.79 | 4.97 | 0.79 | | 0.09 |
| ZA1-0005 | 电 | kW·h | 96.40 | 14.25 | 1.00 | 96.4 | 0.86 | 82.66 | 13.74 | 9.09 |
| ZB1-0007 | 麻绳 | kg | 0.18 | | 6.00 | 1.06 | 5.99 | 1.06 | | 0.12 |
| ZB1-0010 | 麻袋 | 条 | 0.89 | | 4.50 | 3.98 | 4.50 | 3.98 | | 0.44 |
| ZC1-0003 | 焦炭 | kg | 18.35 | | 0.30 | 5.5 | 0.30 | 5.50 | | 0.61 |
| ZD1-0009 | 棉纱头 | kg | 2.79 | 14.25 | 5.83 | 16.25 | 5.00 | 13.93 | 2.32 | 1.53 |
| ZE1-0018 | 石料切割锯片 | 片 | 11.26 | 14.25 | 18.89 | 212.77 | 16.20 | 182.45 | 30.32 | 20.07 |
| ZE1-0497 | 乙炔气 | kg | 31.68 | 14.25 | 30.00 | 950.46 | 25.73 | 815.02 | 135.44 | 89.65 |
| ZE1-0663 | 石材养护液 | kg | 2.13 | 14.25 | 15.00 | 31.93 | 12.86 | 27.38 | 4.55 | 3.01 |
| ZG1-0001 | 其他材料费 | 元 | 160.86 | | 1.00 | 160.86 | 1.00 | 160.86 | | 17.69 |
| ZG1-0001 | 其他材料费 | 元 | 20.64 | | 1.00 | 20.64 | 1.00 | 20.64 | | 2.27 |
| ZS1-0196 | 建筑胶 | kg | 13.64 | 14.25 | 7.50 | 102.31 | 6.43 | 87.73 | 14.58 | 9.65 |
| ZS1-0226 | 结构胶 300 mL | 支 | 36.51 | 14.25 | 15.00 | 547.62 | 12.86 | 469.58 | 78.04 | 51.65 |
| ZS2-0017 | 花岗岩板(综合) | $m^2$ | 287.85 | 14.25 | 110.00 | 31 663.01 | 94.33 | 27 151.03 | 4 511.98 | 2 986.61 |
| ZS2-0023 | 硬白蜡 | kg | 7.39 | 14.25 | 12.07 | 89.14 | 10.35 | 76.44 | 12.70 | 8.41 |
| | 钢梁 | t | 5.54 | 14.25 | 4 200.00 | 23 251.2 | 3 601.50 | 19 937.90 | 3 313.30 | 2 193.17 |
| | 铁艺消防大门 | 个 | 0.21 | 14.25 | 740.00 | 151.7 | 634.54 | 130.08 | 21.62 | 14.31 |
| | LOGO 字 | 个 | 4.00 | 14.25 | 1 000.00 | 4 000 | 857.50 | 3 430.00 | 570.00 | 377.30 |
| | 钢板组合工字钢 | t | 7.30 | 14.25 | 4 200.00 | 3 0660 | 3 601.50 | 26 290.95 | 4 369.05 | 2 892.00 |

续表 2-8-7

| 编码 | 名称及型号规格 | 单位 | 数量 | 除税系数（%） | 含税价格（元） | 含税价格合计（元） | 除税价格（元） | 除税价格合计（元） | 进项税额合计（元） | 销项税额合计（元） |
|---|---|---|---|---|---|---|---|---|---|---|
| | 收水石 | $m^2$ | 4.80 | 14.25 | 1 000.00 | 4 800 | 857.50 | 4 116.00 | 684.00 | 452.76 |
| | 铁艺门 | 个 | 0.02 | 14.25 | 740.00 | 17.02 | 634.35 | 14.59 | 2.43 | 1.60 |
| | 钢柱 | t | 8.85 | 14.25 | 4 200.00 | 37 174.2 | 3 601.50 | 31 876.88 | 5 297.32 | 3 506.46 |
| | 方钢管铁艺围栏 | $m^2$ | 497.58 | 14.25 | 320.00 | 159 224 | 274.40 | 136 534.58 | 22 689.42 | 15 018.80 |
| | 成品铸铁篦子 | $m^2$ | 5.85 | 14.25 | 1 000.00 | 5 852 | 857.50 | 5 018.09 | 833.91 | 551.99 |
| | 散置 50 厚深灰砾石 | $m^2$ | 14.40 | 14.25 | 130.00 | 1 872 | 111.48 | 1 605.24 | 266.76 | 176.58 |
| CD1Y0005 | 透水砖 | $m^2$ | 45.90 | 14.25 | 60.00 | 2 754 | 51.45 | 2 361.55 | 392.45 | 259.77 |
| 小计 | | | | | | 422 757.57 | | 368 061.96 | 54 695.61 | 40 486.82 |
| 机械 | | | | | | | | | | |
| 00001068 | 夯实机（电动）夯击能力 20～62 N·m | 台班 | 12.89 | 11.458 7 | 31.33 | 403.7 | 27.74 | 357.44 | 46.26 | 39.32 |
| 00003017 | 汽车式起重机 5 t | 台班 | 0.01 | 11.261 1 | 519.40 | 3.06 | 459.32 | 2.71 | 0.35 | 0.30 |
| 00003018 | 汽车式起重机 8 t | 台班 | 8.10 | 10.772 9 | 805.54 | 6 527.29 | 718.76 | 5 824.11 | 703.18 | 640.65 |
| 00004005 | 载货汽车 5 t | 台班 | 0.15 | 11.650 3 | 476.04 | 69.22 | 420.63 | 61.16 | 8.06 | 6.73 |
| 00004005 | 载重汽车 5 t | 台班 | 1.02 | 11.650 3 | 476.04 | 486.51 | 420.58 | 429.83 | 56.68 | 47.28 |
| 00004030 | 机动翻斗车 1 t | 台班 | 5.26 | 7.660 0 | 164.36 | 864.16 | 151.77 | 797.97 | 66.19 | 87.78 |
| 00004041 | 轨道平车 5 t | 台班 | 0.26 | 11.021 2 | 289.26 | 75.18 | 257.37 | 66.89 | 8.29 | 7.36 |
| 00005010 | 电动卷扬机 | 台班 | 0.41 | 5.662 7 | 130.68 | 53.68 | 123.27 | 50.64 | 3.04 | 5.57 |
| 00006016-1 | 灰浆搅拌机 200 L | 台班 | 6.98 | 2.117 0 | 103.45 | 722.21 | 101.26 | 706.92 | 15.29 | 77.76 |
| 00006053 | 滚筒式混凝土搅拌机 500 L 以内 | 台班 | 7.79 | 4.308 4 | 151.10 | 1 176.84 | 144.59 | 1 126.14 | 50.70 | 123.88 |
| 00006059 | 混凝土振捣器 | 台班 | 8.92 | 13.941 0 | 18.65 | 166.32 | 16.05 | 143.13 | 23.19 | 15.74 |
| 00006060 | 混凝土振捣器 | 台班 | 6.29 | 13.897 9 | 15.47 | 97.38 | 13.32 | 83.85 | 13.53 | 9.22 |

续表 2-8-7

| 编码 | 名称及型号规格 | 单位 | 数量 | 除税系数（%） | 含税价格（元） | 含税价格合计（元） | 除税价格（元） | 除税价格合计（元） | 进项税额合计（元） | 销项税额合计（元） |
|---|---|---|---|---|---|---|---|---|---|---|
| 00007002 | 钢筋切断机 | 台班 | 0.14 | 12.841 1 | 49.84 | 6.97 | 43.49 | 6.08 | 0.89 | 0.67 |
| 00007003 | 钢筋弯曲机 | 台班 | 0.28 | 11.960 1 | 27.09 | 7.63 | 23.87 | 6.72 | 0.91 | 0.74 |
| 00007012 | 木工圆锯机 ϕ500 | 台班 | 0.20 | 13.049 1 | 31.19 | 6.12 | 27.13 | 5.32 | 0.80 | 0.59 |
| 00007027 | 普通车床 | 台班 | 0.66 | 6.557 0 | 142.90 | 93.87 | 133.52 | 87.71 | 6.16 | 9.65 |
| 00007046 | 摇臂钻床 ϕ25 | 台班 | 0.13 | 2.825 9 | 107.93 | 14.24 | 104.93 | 13.84 | 0.40 | 1.52 |
| 00007070 | 刨边机 12 000 mm | 台班 | 2.48 | 10.354 5 | 701.05 | 1 740.01 | 628.46 | 1 559.84 | 180.17 | 171.58 |
| 00009002 | 交流弧焊机 32 kV•A | 台班 | 5.19 |  | 210.82 | 1 093.54 | 210.82 | 1 093.54 |  | 120.29 |
| 00009002 | 交流弧焊机 32 kV•A | 台班 | 1.84 | 6.868 4 | 210.82 | 387.42 | 196.34 | 360.81 | 26.61 | 39.69 |
| 00009008 | 直流弧焊机 32 kW | 台班 | 0.03 | 7.100 6 | 219.98 | 7.68 | 204.30 | 7.13 | 0.55 | 0.78 |
| 00009010 | 对焊机 75 kV•A | 台班 | 0.01 | 7.904 5 | 248.34 | 2.14 | 229.07 | 1.97 | 0.17 | 0.22 |
| 00009017 | 半自动切割机 | 台班 | 2.41 | 6.860 2 | 210.78 | 507.77 | 196.32 | 472.94 | 34.83 | 52.02 |
| 00013135 | 电锤（功率 520 W） | 台班 | 23.64 | 13.379 9 | 17.19 | 406.43 | 14.89 | 352.05 | 54.38 | 38.73 |
| 00013155 | 石料切割机 | 台班 | 17.37 | 13.887 6 | 42.70 | 741.75 | 36.77 | 638.74 | 103.01 | 70.26 |
| 00014015 | 剪断机（综合） | 台班 | 0.03 | 8.784 0 | 205.26 | 5.15 | 187.25 | 4.70 | 0.45 | 0.52 |
| 00014016 | 吊装机械（综合） | 台班 | 0.75 |  | 1 949.15 | 1 466.74 | 1 949.16 | 1 466.74 |  | 161.34 |
| 00109008 | 直流电焊机 32 kW | 台班 | 69.35 | 7.100 6 | 219.98 | 15 255.61 | 204.36 | 14 172.37 | 1 083.24 | 1 558.96 |
| 90000001 | 其他机械费 | 元 | 17.77 |  | 1.00 | 17.77 | 1.00 | 17.77 |  | 1.95 |
| 90000002 | 机械费 | 元 | 2 796.95 |  | 1.00 | 2 796.95 | 1.00 | 2 796.95 |  | 307.66 |
| CSJXF | 措施费中的机械费 | 元 |  | 4.000 0 | 1.00 |  | 0.00 |  |  |  |
|  | 小计 |  |  |  |  | 35 203.34 |  | 32 224.21 | 2 979.13 | 3 598.76 |
|  | 合计 | — | — | — | — | 457 960.91 | — | 400 777.97 | 57 182.94 | 44 085.58 |

**表 2-8-8　单位工程费汇总表**

| 序号 | 名称 | 计算基数 | 费率(%) | 金额(元) | 名目(元) | | |
|---|---|---|---|---|---|---|---|
| | | | | | 人工费 | 材料费 | 机械费 |
| 1 | 分部分项工程量清单计价合计 | — | — | 556 073.69 | 84 501.14 | 418 437.08 | 35 125.92 |
| 2 | 措施项目清单计价合计 | — | — | 5 211.29 | 795.07 | 4 207.38 | 69.61 |
| 2.1 | 单价措施项目工程量清单计价合计 | — | — | 5 211.29 | 795.07 | 4 207.38 | 69.61 |
| 2.2 | 其他总价措施项目清单计价合计 | — | — | | | | |
| 3 | 其他项目清单计价合计 | — | — | | — | — | — |
| 4 | 规费 | — | — | 11 855.23 | — | — | — |
| 5 | 安全生产、文明施工费 | — | — | 22 220.41 | — | — | — |
| 6 | 税前工程造价 | — | — | 595 360.62 | | | |
| 6.1 | 其中:进项税额 | — | — | 950.91 | — | — | — |
| 7 | 销项税额 | — | 11.000 | 65 385.07 | — | — | — |
| 8 | 增值税应纳税额 | — | — | 64 434.16 | — | — | — |
| 9 | 附加税费 | — | 13.500 | 8 698.61 | — | — | — |
| 10 | 税金 | — | — | 73 132.77 | — | — | — |
| 合计 | | — | — | 668 493.39 | 85 296.21 | 422 644.46 | 35 195.53 |

# 任务9 给排水工程计价

## 步骤一 读图算量

### 一、喷灌给排水工程施工图识读

①根据图纸目录，查看喷灌给排水工程相关图纸：图号 SS-01 浇灌平面图，图号 SS-02 景观水池给排水详图，图号 SS-03 雨水平面图、图号 YS-07 井盖及雨水篦子详图。

②图纸浏览的顺序：按图号 SS-01、SS-02、SS-03、YS-07。

③图号 SS-01 图纸为本工程园林景观设计浇灌平面图，详细地给出了该浇灌工程的说明和整体管道布置等。该地区绿地采用快速取水阀浇灌方式并与阀门箱配套使用。查看图例，并结合本图的管道布置确定各个灌溉段所用设备及管道型号等。

④图号 SS-02 图中包含了水景给排水平面图、系统图、补水示意图、排水示意图等详图。

⑤图号 SS-03 图雨水平面图中给出了景观雨水口、园林雨水管道、园林雨水井、市政雨水管道、市政雨水井的位置。图号 YS-07 则给出了各种井盖及雨水篦子详图。

### 二、分析工程量清单表

结合图纸 SS-01、SS-02、SS-03、YS-07 分析由招标方提供的工程量清单，并在规定时间内提出清单中与图纸不符合的项目，待招标方澄清后，根据工程量清单进行自主报价。招标人修正后的喷灌给排水工程工程量清单如表 2-9-1 所示。

表 2-9-1 工程量清单表

| 序号 | 项目名称及特征描述 | 单位 | 工程量 |
|---|---|---|---|
| 一、浇灌工程 | | | |
| 1 | 人工挖沟槽 | $m^3$ | 331.4 |
| 2 | 回填土 夯填 | $m^3$ | 338.31 |
| 3 | 室外 PVC-U 给水塑料管埋设 管外径(mm 以内) 32 | m | 226.47 |
| 4 | 室外 PVC-U 给水塑料管埋设 管外径(mm 以内) 63 | m | 463.95 |
| 5 | 快速取水阀组(一寸取水阀 P-33 型) | 套 | 20 |
| 6 | 塑料圆形阀门箱 VB-708 | 套 | 20 |
| 7 | 过路套管 DN50 | m | 15.94 |
| 二、水景系统 | | | |
| 1 | 砖砌盖板式阀门井 ϕ800 | 座 | 4 |
| 2 | 砖砌盖板式阀门井 ϕ1 000 | 座 | 1 |

续表 2-9-1

| 序号 | 项目名称及特征描述 | 单位 | 工程量 |
|---|---|---|---|
| 3 | 室外 PVC-U 给水塑料管埋设 管外径(mm 以内) 110 | m | 2.7 |
| 4 | 镀锌钢管 DN50(螺纹连接) | m | 9.64 |
| 5 | 镀锌钢管 DN100(螺纹连接) | m | 17.53 |
| 6 | 蝶阀 DN100 | 个 | 1 |
| 7 | 蝶式止回阀 DN100 | 个 | 1 |
| 8 | 截止阀 DN20 | 个 | 2 |
| 9 | 截止阀 DN50 | 个 | 2 |
| 10 | 刚性防水套管制作安装 公称直径(mm 以内)50 | 个 | 2 |
| 11 | 水泵 QSP65-7-2.2 | 台 | 1 |
| 三、雨水系统 | | | |
| 1 | 双波纹塑料管 De200 | m | 448.05 |
| 2 | 雨水井 | 座 | 4 |
| 3 | 平箅式单箅雨水口 750×450 $H$=0.7 m | 个 | 43 |
| 4 | 人工挖沟槽 | $m^3$ | 250.91 |
| 5 | 回填土 夯填 | $m^3$ | 250.91 |

## 三、喷灌给排水定额工程量计算

### (一)工程量计算规则

根据现行《河北省园林绿化工程消耗定额(2012)》和《河北省安装工程消耗定额(2012)》中有关绿地喷灌工程和给排水工程工程量计算规则,计算出本项目中喷灌给排水工程的工程量。

### (二)工程量计算方法

①给排水管道长度的计算顺序有两种:一种根据水的流向计算;另一种为根据管道的规格分别计算汇总。

②给排水管道的计算按照不同的管道规格、品种等分别计算,注意从供水主管接口处算至各个喷头支管。管道长度按中心线长度以“米”计算。不扣除阀门、管件以及喷头的长度。

③给排水管道分为水平长度和垂直长度,仔细阅读 SS-01 浇灌平面图并利用 AutoCAD 辅助算量功能计算敷设水平长度,量取的过程中注意比例尺的应用,并根据详图及系统图等计算管道的垂直长度。

④给排水管道土方工程量计算,按照土建定额应用,可按下述方法计算:

如图 2-9-1 所示，管沟的挖方量为：$V=h(b+kh)L$

式中：$V$——管道沟挖方量；

$h$——管道沟深度；

$b$——管道沟底宽度；

$k$——放坡系数；

$L$——管道沟长度。

其中，管道沟底宽度应按设计规定计算。设计无规定时，按表 2-9-2 规定计算。

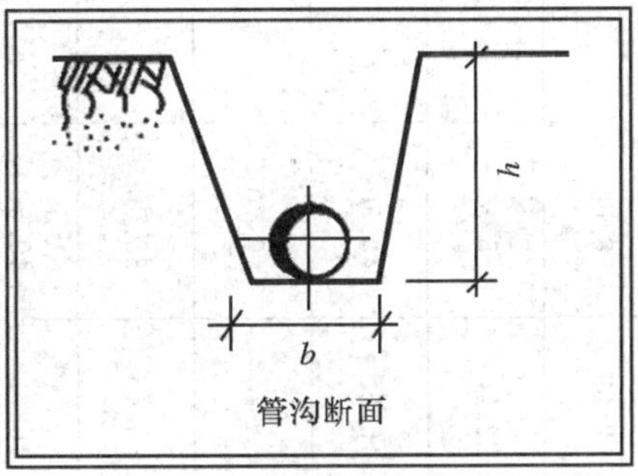


图 2-9-1 室外管沟断面图

表 2-9-2 管道沟底宽度尺寸表

| 管径(mm) | 铸铁管、钢管、石棉水泥管(m) | 塑料管(m) | 混凝土管、钢筋混凝土管、预应力钢筋混凝土管(m) | 陶土管(m) |
|---|---|---|---|---|
| 50～75 | 0.60 | 0.70 | 0.80 | 0.70 |
| 100～200 | 0.70 | 0.80 | 0.90 | 0.80 |
| 250～350 | 0.80 | 0.90 | 1.00 | 0.90 |
| 400～450 | 1.00 | 1.10 | 1.30 | 1.10 |
| 500～600 | 1.30 | 1.40 | 1.50 | 1.40 |
| 700～800 | 1.60 | 1.70 | 1.80 | — |
| 900～1 000 | 1.80 | 1.90 | 2.00 | — |
| 1 100～1 200 | 2.00 | 2.10 | 2.30 | — |
| 1 300～1 400 | 2.20 | 2.40 | 2.60 | — |

⑤熟读图例，按照不同的管径和规格分别计算各种阀、水泵、雨水井等数量，其中阀门以“个”、水泵以“台”、雨水井以“座”为计量单位。

## 步骤二 套定额取费计算

①根据计算出的浇灌工程工程量，利用河北省新奔腾计价软件编制浇灌工程报价。分部分项工程量清单综合单价分析表，分部分项工程量清单计价表，总价措施项目清单与计价表，材料、机械、设备增值税计算表，单位工程费汇总表分别见表 2-9-3 至表 2-9-7。

表 2-9-3 分部分项工程量清单综合单价分析表

| 序号 | 项目编码（定额编号） | 项目名称 | 单位 | 数量 | 综合单价（元） | 合价（元） | 综合单价组成（元） | | | | 人工单价（元/工日） |
|---|---|---|---|---|---|---|---|---|---|---|---|
| | | | | | | | 人工费 | 材料费 | 机械费 | 管理费和利润 | |
| 1 | 010101003001 | 人工挖沟槽 | $m^3$ | 331.40 | 37.17 | 12 318.14 | 31.09 | | | 6.09 | 60.00 |
| | [51]A1-15 | 人工挖沟槽三类土(深度2 m以内) | 100 $m^3$ | 3.31 | 3 717.37 | 12 319.36 | 3 108.60 | | | 608.77 | 60.00 |
| 2 | 010103001001 | 回填土　夯填 | $m^3$ | 338.31 | 23.47 | 7 940.14 | 17.01 | | 2.50 | 3.95 | 60.00 |
| | [51]A1-41 | 人工回填土，夯填 | 100 $m^3$ | 3.38 | 2 346.63 | 7 938.65 | 1 701.00 | | 250.01 | 395.62 | 60.00 |
| 3 | 031001006001 | 室外 PVC-U 给水塑料管埋设 管外径 32(mm)以内 | m | 226.47 | 11.87 | 2 688.20 | 2.69 | 8.64 | | 0.55 | 74.00 |
| | 8-81 | 室外管道安装，塑料给水管(黏接)管道外径 32 mm 以内 | 10 m | 22.65 | 32.07 | 726.29 | 22.20 | 5.37 | | 4.50 | 74.00 |
| | 8-409 | 管道消毒、冲洗，公称直径32 mm | 100 m | 2.27 | 96.57 | 218.73 | 46.62 | 40.50 | | 9.45 | 74.00 |
| | | 塑料给水管(黏接)管道外径32 mm | m | 226.47 | 7.70 | 1 743.82 | | 7.70 | | | |
| 4 | 031001006002 | 室外 PVC-U 给水塑料管埋设 管外径 63(mm)以内 | m | 463.95 | 42.12 | 19 541.57 | 3.43 | 38.00 | | 0.70 | 74.00 |
| | 8-409 | 管道消毒、冲洗，公称直径63 mm | 100 m | 4.64 | 96.57 | 448.08 | 46.62 | 40.50 | | 9.45 | 74.00 |
| | 8-84 | 室外管道安装，塑料给水管(黏接)管道外径 63 mm | 10 m | 46.40 | 51.57 | 2 392.59 | 29.60 | 15.97 | | 6.00 | 74.00 |
| | | 塑料给水管(黏接)管道外径63 mm | m | 463.95 | 36.00 | 16 702.20 | | 36.00 | | | |
| 5 | 040502005001 | 快速取水阀 | 个 | 20.00 | 244.12 | 4 882.40 | 43.66 | 190.03 | 1.26 | 9.17 | 74.00 |
| | 8-501 | 取水阀安装 | 个 | 20.00 | 64.12 | 1 282.40 | 43.66 | 10.03 | 1.26 | 9.17 | 74.00 |
| | | 快速取水阀组 P-33 型 | 个 | 20.00 | 180.00 | 3 600.00 | | 180.00 | | | |
| 6 | 040502005002 | 塑料圆形阀门箱 | 套 | 20.00 | 100.00 | 2 000.00 | | 100.00 | | | |

续表 2-9-3

| 序号 | 项目编码（定额编号） | 项目名称 | 单位 | 数量 | 综合单价（元） | 合价（元） | 综合单价组成（元） | | | | 人工单价（元/工日） |
|---|---|---|---|---|---|---|---|---|---|---|---|
| | | | | | | | 人工费 | 材料费 | 机械费 | 管理费和利润 | |
| | | 塑料圆形阀门箱 VB-708 | 套 | 20.00 | 100.00 | 2 000.00 | | 100.00 | | | |
| 7 | 030817008001 | 过路套管 DN50 | m | 15.94 | 35.01 | 558.06 | 5.85 | 27.64 | 0.27 | 1.25 | 74.00 |
| | 8-23 | 室外管道安装，钢管（焊接）公称直径 50 mm 以内 | 10 m | 1.59 | 86.06 | 137.18 | 58.46 | 12.37 | 2.70 | 12.53 | 74.00 |
| | | 过路套管 DN50 | m | 15.94 | 26.40 | 420.82 | | 26.40 | | | |

**表 2-9-4 分部分项工程量清单与计价表**

| 序号 | 项目编码 | 项目名称 | 计量单位 | 工程数量 | 金额（元） | |
|---|---|---|---|---|---|---|
| | | | | | 综合单价 | 合价 |
| 1 | 010101003001 | 人工挖沟槽 | $m^3$ | 331.40 | 37.17 | 12 318.14 |
| 2 | 010103001001 | 回填土 夯填 | $m^3$ | 338.31 | 23.47 | 7 940.14 |
| 3 | 031001006001 | 室外 PVC-U 给水塑料管埋设 管外径 32(mm)以内 | m | 226.47 | 11.87 | 2 688.20 |
| 4 | 031001006002 | 室外 PVC-U 给水塑料管埋设 管外径 63(mm)以内 | m | 463.95 | 42.12 | 19 541.57 |
| 5 | 040502005001 | 快速取水阀 | 个 | 20.00 | 244.12 | 4 882.40 |
| 6 | 040502005002 | 塑料圆形阀门箱 | 套 | 20.00 | 100.00 | 2 000.00 |
| 7 | 030817008001 | 过路套管 DN50 | m | 15.94 | 35.01 | 558.06 |
| 本页小计 | | | | | | 49 928.51 |
| 合计 | | | | | | 49 928.51 |

**表 2-9-5 总价措施项目清单与计价表**

| 序号 | 项目编码 | 项目名称 | 金额（元） |
|---|---|---|---|
| 1. 安全生产、文明施工费 | | | |
| 1 | 031302001001 | 安全生产、文明施工费 | 2 133.10 |
| 小计 | | | 2 133.10 |

表 2-9-6 材料、机械、设备增值税计算表

| 编码 | 名称及型号规格 | 单位 | 数 量 | 除税系数(%) | 含税价格(元) | 含税价格合计(元) | 除税价格(元) | 除税价格合计(元) |
|---|---|---|---|---|---|---|---|---|
| 材料 | | | | | | | | |
| AB1-3026 | 普通钢板 0＃～3＃ δ3.5～4.0 | kg | 0.14 | 14.25 | 4.44 | 0.64 | 3.83 | 0.55 |
| CSCLF | 措施费中的材料费 | 元 | | 6.00 | 1.00 | | 0.00 | |
| EA1-0004 | 丙酮 | kg | 8.39 | 14.25 | 12.60 | 105.77 | 10.81 | 90.70 |
| EA1-0076 | 机油 | kg | 0.10 | 14.25 | 11.20 | 1.07 | 9.62 | 0.92 |
| EA1C0047 | 铅油 | kg | 0.02 | 14.25 | 16.10 | 0.26 | 13.84 | 0.22 |
| EB1-0080 | 漂白粉 | kg | 0.97 | 14.25 | 3.60 | 3.48 | 3.08 | 2.98 |
| EB1-0109 | 氧气 | $m^3$ | 0.81 | 14.25 | 4.67 | 3.8 | 4.01 | 3.26 |
| ID2-0002 | 尼龙砂轮片 ϕ100 | 片 | 0.22 | 14.25 | 10.40 | 2.32 | 8.92 | 1.99 |
| IE2-0043 | 铁砂布 0＃～2＃ | 张 | 0.66 | 14.25 | 0.90 | 0.59 | 0.77 | 0.51 |
| OP1-3121 | 塑料管件 ϕ32 室外 | 个 | 43.48 | 14.25 | 1.24 | 53.92 | 1.06 | 46.24 |
| OP1-3124 | 塑料管件 ϕ63 室外 | 个 | 81.66 | 14.25 | 6.74 | 550.36 | 5.78 | 471.93 |
| Q80002 | 黏接剂(卫生级) | kg | 4.91 | 14.25 | 13.00 | 63.78 | 11.15 | 54.69 |
| ZA1-0002 | 水 | $m^3$ | 65.72 | 2.86 | 5.00 | 328.62 | 4.86 | 319.22 |
| ZD1-0009 | 棉纱头 | kg | 0.20 | 14.25 | 5.40 | 1.08 | 4.65 | 0.93 |
| ZD2-0020 | 砂轮片 ϕ100 | 片 | 3.64 | 14.25 | 15.00 | 54.6 | 12.86 | 46.82 |
| ZD2-0022 | 砂轮片 ϕ400 | 片 | 0.46 | 14.25 | 35.00 | 16.1 | 30.02 | 13.81 |
| ZE1-0354 | 碳钢气焊条 ＜ϕ2 | kg | 0.03 | 14.25 | 5.23 | 0.17 | 4.70 | 0.15 |
| ZE1-0382 | 铁丝 8＃ | kg | 0.13 | 14.25 | 3.42 | 0.44 | 2.98 | 0.38 |
| ZE1-0497 | 乙炔气 | kg | 0.27 | 14.25 | 30.00 | 8.13 | 25.72 | 6.97 |
| ZG1-0001 | 其他材料费 | 元 | 167.48 | | 1.00 | 167.48 | 1.00 | 167.48 |

续表 2-9-6

| 编码 | 名称及型号规格 | 单位 | 数 量 | 除税系数(%) | 含税价格(元) | 含税价格合计(元) | 除税价格(元) | 除税价格 |
|---|---|---|---|---|---|---|---|---|
| | 塑料给水管(黏接)管道外径 63 mm | m | 463.95 | 14.25 | 36.00 | 16 702.2 | 30.87 | 14 322.14 |
| | 快速取水阀组 P-33 型 | 套 | 20.00 | 14.25 | 180.00 | 3 600 | 154.35 | 3 087.00 |
| | 塑料给水管(黏接)管道外径 32 mm 以内 | m | 226.47 | 14.25 | 7.70 | 1 743.82 | 6.60 | 1 495.33 |
| | 过路套管 DN50 | m | 15.94 | 14.25 | 26.40 | 420.82 | 22.64 | 360.85 |
| | 塑料圆形阀门箱 VB-708 | 套 | 20.00 | 14.25 | 100.00 | 2 000 | 85.75 | 1 715.00 |
| 1 | 快速取水阀 | 套 | | 14.25 | 38.20 | | 0.00 | |
| W#100799 | 阀门 DN80 | 个 | 20.20 | 14.25 | | | 0.00 | |
| 小计 | | | | | | 25 829.45 | | 22 210.02 |
| 机械 | | | | | | | | |
| 00012077 | 热熔焊接机 | 台班 | 0.84 | 13.736 3 | 16.38 | 13.76 | 14.13 | 11.87 |
| CSJXF | 措施费中的机械费 | 元 | | 4.000 0 | 1.00 | | 0.00 | |
| JX001 | 折旧费(机械台班) | 元 | 129.58 | 14.530 0 | 1.00 | 129.58 | 0.854 7 | 110.75 |
| JX002 | 大修理费(机械台班) | 元 | 26.37 | 14.530 0 | 1.00 | 26.37 | 0.854 7 | 22.54 |
| JX003 | 经常修理费(机械台班) | 元 | 120.83 | 10.170 0 | 1.00 | 120.83 | 0.898 3 | 108.54 |
| JX004 | 安拆费及场外运费(机械台班) | 元 | 126.07 | | 1.00 | 126.07 | 1.00 | 126.07 |
| JX009 | 电(机械台班) | kW·h | 457.80 | 14.250 0 | 1.00 | 457.8 | 0.86 | 392.56 |
| JX010 | 水(机械台班) | t | 0.16 | 2.860 0 | 5.00 | 0.8 | 4.88 | 0.78 |
| 小计 | | | | | | 875.21 | | 773.12 |
| 合计 | | — | — | — | — | 26 704.66 | — | 22 983.14 |

表 2-9-7 单位工程费汇总表

| 序号 | 名称 | 计算基数 | 费率(%) | 金额(元) | 名目(元) | | |
|---|---|---|---|---|---|---|---|
| | | | | | 人工费 | 材料费 | 机械费 |
| 1 | 分部分项工程量清单计价合计 | — | — | 49 928.51 | 19 224.88 | 25 827.99 | 875.28 |
| 2 | 措施项目清单计价合计 | — | — | | | | |
| 2.1 | 单价措施项目工程量清单计价合计 | — | — | | | | |
| 2.2 | 其他总价措施项目清单计价合计 | — | — | | | | |
| 3 | 其他项目清单计价合计 | — | — | | — | — | — |
| 4 | 规费 | — | — | 3 762.40 | — | — | — |
| 5 | 安全生产、文明施工费 | — | — | 2 133.10 | — | — | — |
| 6 | 税前工程造价 | — | — | 55 824.01 | | | |
| 6.1 | 其中:进项税额 | — | — | 3 845.59 | — | — | — |
| 7 | 销项税额 | — | 11.00 | 5 717.63 | — | — | — |
| 8 | 增值税应纳税额 | — | — | 1 872.04 | — | — | — |
| 9 | 附加税费 | — | 13.50 | 252.73 | — | — | — |
| 10 | 税金 | — | — | 2 124.77 | — | — | — |
| 合计 | | — | — | 57 948.78 | 19 224.88 | 25 827.99 | 875.28 |

②根据计算出的水景系统工程量,利用河北省新奔腾计价软件编制水景工程报价。分部分项工程量清单综合单价分析表,分部分项工程量清单计价表,总价措施项目清单与计价表,材料、机械、设备增值税计算表,单位工程费汇总表分别见表 2-9-8 至表 2-9-11。

**表 2-9-8 分部分项工程量清单综合单价分析表**

| 序号 | 项目编码（定额编号） | 项目名称 | 单位 | 数量 | 综合单价（元） | 合价(元) | 综合单价组成(元) | | | | 人工单价（元/工日） |
|---|---|---|---|---|---|---|---|---|---|---|---|
| | | | | | | | 人工费 | 材料费 | 机械费 | 管理费和利润 | |
| 1 | 040504001001 | 砖砌盖板式阀门井 $\phi$800 | 座 | 4.00 | 1 500.00 | 6 000.00 | | 1 500.00 | | | |
| | | 砖砌盖板式阀门井 $\phi$800 | 座 | 4.00 | 1 500.00 | 6 000.00 | | 1 500.00 | | | |
| 2 | 040504001002 | 砖砌盖板式阀门井 $\phi$1 000 | 座 | 1.00 | 1 600.00 | 1 600.00 | | 1 600.00 | | | |
| | | 砖砌盖板式阀门井 $\phi$1 000 | 座 | 1.00 | 1 600.00 | 1 600.00 | | 1 600.00 | | | |
| 3 | 031001006001 | 室外 PVC-U 给水塑料管埋设管外径 110 mm以内 | m | 2.70 | 36.20 | 97.74 | 3.48 | 31.98 | 0.03 | 0.72 | 74.00 |
| | 8-86 | 室外管道安装，塑料给水管(黏接)管道外径 110 mm 以内 | 10 m | 0.27 | 97.99 | 26.46 | 34.78 | 55.77 | 0.31 | 7.13 | 74.00 |
| | | 塑料给水管(黏接)管道外径 110 mm | m | 2.70 | 26.40 | 71.28 | | 26.40 | | | |
| 4 | 031001001001 | 镀锌钢管　规格 DN50 | m | 9.64 | 74.00 | 713.36 | 7.22 | 64.73 | 0.48 | 1.58 | 74.00 |
| | 6-2630 | 管道系统水冲洗，公称直径 50 mm 以内 | 100 m | 0.10 | 239.58 | 23.00 | 167.24 | 6.74 | 25.36 | 40.24 | 74.00 |
| | 8-6 | 室外管道安装，镀锌钢管(螺纹连接)公称直径 50 mm 以内 | 10 m | 0.96 | 91.07 | 87.79 | 55.50 | 21.48 | 2.27 | 11.82 | 74.00 |
| | | 镀锌钢管　规格 DN50 | m | 9.64 | 62.51 | 602.60 | | 62.51 | | | |
| 5 | 031001001002 | 镀锌钢管　规格 DN100 | m | 17.53 | 369.02 | 6 468.92 | 8.64 | 355.98 | 2.12 | 2.28 | 74.00 |
| | 6-2631 | 管道系统水冲洗，公称直径 100 mm 以内 | 100 m | 0.18 | 279.73 | 48.95 | 183.52 | 18.59 | 32.34 | 45.28 | 74.00 |
| | 8-9 | 室外管道安装，镀锌钢管(螺纹连接)公称直径 100 mm 以内 | 10 m | 1.75 | 162.24 | 284.41 | 68.08 | 57.94 | 17.94 | 18.28 | 74.00 |
| | | 镀锌钢管　规格 DN100 | m | 17.53 | 350.00 | 6 135.50 | | 350.00 | | | |
| 6 | 031003001001 | 蝶阀:DN100 | 个 | 1.00 | 535.83 | 535.83 | 65.86 | 456.62 | | 13.35 | 74.00 |
| | 8-422 | 蝶阀安装，公称直径 100 mm 以内 | 个 | 1.00 | 85.83 | 85.83 | 65.86 | 6.62 | | 13.35 | 74.00 |

续表 2-9-8

| 序号 | 项目编码（定额编号） | 项目名称 | 单位 | 数量 | 综合单价（元） | 合价（元） | 综合单价组成（元） | | | | 人工单价（元/工日） |
|---|---|---|---|---|---|---|---|---|---|---|---|
| | | | | | | | 人工费 | 材料费 | 机械费 | 管理费和利润 | |
| | | 蝶阀：DN100 | 个 | 1.00 | 450.00 | 450.00 | | 450.00 | | | |
| 7 | 031003001002 | 蝶式止回阀：DN100 | 个 | 1.00 | 130.83 | 130.83 | 65.86 | 51.62 | | 13.35 | 74.00 |
| | 8-422 | 蝶式止回阀安装，公称直径100 mm以内 | 个 | 1.00 | 85.83 | 85.83 | 65.86 | 6.62 | | 13.35 | 74.00 |
| | | 蝶式止回阀：DN100 | 个 | 1.00 | 45.00 | 45.00 | | 45.00 | | | |
| 8 | 031003001003 | 截止阀：DN20 | 个 | 2.00 | 130.56 | 261.12 | 7.40 | 121.66 | | 1.50 | 74.00 |
| | 8-415 | 截止阀安装，公称直径 20 mm以内 | 个 | 2.00 | 10.56 | 21.12 | 7.40 | 1.66 | | 1.50 | 74.00 |
| | | 截止阀：DN20 | 个 | 2.00 | 120.00 | 240.00 | | 120.00 | | | |
| 9 | 031003001004 | 截止阀：DN50 | 个 | 2.00 | 174.18 | 348.36 | 17.02 | 153.71 | | 3.45 | 74.00 |
| | 8-419 | 截止阀安装，公称直径 50 mm以内 | 个 | 2.00 | 24.18 | 48.36 | 17.02 | 3.71 | | 3.45 | 74.00 |
| | | 截止阀：DN50 | 个 | 2.00 | 150.00 | 300.00 | | 150.00 | | | |
| 10 | 031002003001 | 刚性防水套管制作、安装 | 个 | 2.00 | 250.78 | 501.56 | 76.22 | 120.11 | 31.20 | 23.25 | 74.00 |
| | 6-3098 | 刚性防水套管制作，公称直径50 mm以内 | 个 | 2.00 | 118.60 | 237.20 | 31.08 | 42.22 | 31.20 | 14.10 | 74.00 |
| | 6-3115 | 刚性防水套管安装，公称直径50 mm以内 | 个 | 2.00 | 105.78 | 211.56 | 45.14 | 51.49 | | 9.15 | 74.00 |
| | | 刚性防水套管公称直径 50 mm | 个 | 2.00 | 26.40 | 52.80 | | 26.40 | | | |
| 11 | 030211002001 | 水泵　型号 QSP65-7-2.2 | 台 | 1.00 | 5 662.66 | 5 662.66 | 2 029.08 | 2 668.26 | 443.22 | 522.10 | 74.00 |
| | 9-172 | 循环水泵安装，流量 $Q\leqslant 250$ | 台 | 1.00 | 4 262.66 | 4 262.66 | 2 029.08 | 1 268.26 | 443.22 | 522.10 | 74.00 |
| | | 水泵 | 台 | 1.00 | 1 400.00 | 1 400.00 | | 1 400.00 | | | |

**表 2-9-9　分部分项工程量清单与计价表**

| 序号 | 项目编码 | 项目名称 | 计量单位 | 工程数量 | 金额(元) | |
|---|---|---|---|---|---|---|
| | | | | | 综合单价 | 合价 |
| 1 | 040504001001 | 砖砌盖板式阀门井 $\phi$800 | 座 | 4.00 | 1 500.00 | 6 000.00 |
| 2 | 040504001002 | 砖砌盖板式阀门井 $\phi$1 000 | 座 | 1.00 | 1 600.00 | 1 600.00 |
| 3 | 031001006001 | 室外 PVC-U 给水塑料管埋设 管外径 110 mm以内 | m | 2.70 | 36.20 | 97.74 |
| 4 | 031001001001 | 镀锌钢管　规格 DN 50 | m | 9.64 | 74.00 | 713.36 |
| 5 | 031001001002 | 镀锌钢管　规格 DN 100 | m | 17.53 | 369.02 | 6 468.92 |
| 6 | 031003001001 | 蝶阀:DN 100 | 个 | 1.00 | 535.83 | 535.83 |
| 7 | 031003001002 | 蝶式止回阀:DN 100 | 个 | 1.00 | 130.83 | 130.83 |
| 8 | 031003001003 | 截止阀:DN 20 | 个 | 2.00 | 130.56 | 261.12 |
| 9 | 031003001004 | 截止阀:DN 50 | 个 | 2.00 | 174.18 | 348.36 |
| 10 | 031002003001 | 刚性防水套管制作、安装 | 个 | 2.00 | 250.78 | 501.56 |
| 11 | 030211002001 | 水泵　型号 QSP65-7-2.2 | 台 | 1.00 | 5 662.66 | 5 662.66 |
| 本页小计 | | | | | | 22 320.38 |
| 合计 | | | | | | 22 320.38 |

**表 2-9-10　总价措施项目清单与计价表**

| 序号 | 项目编码 | 项目名称 | 金额(元) |
|---|---|---|---|
| 1.安全生产、文明施工费 | | | |
| 1 | 031302001001 | 安全生产、文明施工费 | 910.94 |
| 小计 | | | 910.94 |

表 2-9-11 材料、机械、设备增值税计算表

| 编码 | 名称及型号规格 | 单位 | 数量 | 除税系数（%） | 含税价格（元） | 含税价格合计（元） | 除税价格（元） | 除税价格合计（元） | 进项税额合计（元） | 销项税额合计（元） |
|---|---|---|---|---|---|---|---|---|---|---|
| 材料 | | | | | | | | | | |
| AB1-3003 | 普通钢板 0＃～3＃ δ10～15 | kg | 7.94 | 14.25 | 4.32 | 34.3 | 3.70 | 29.41 | 4.89 | 3.24 |
| AB1-3026 | 普通钢板 0＃～3＃ δ3.5～4.0 | kg | 30.00 | 14.25 | 4.44 | 133.2 | 3.81 | 114.22 | 18.98 | 12.56 |
| AB1-3041 | 普通钢板 δ12～20 | kg | 0.49 | 14.25 | 4.32 | 2.11 | 3.71 | 1.81 | 0.30 | 0.20 |
| AB2-3002 | 镀锌钢板 δ0.5～0.65 | kg | 0.80 | 14.25 | 6.50 | 5.2 | 5.58 | 4.46 | 0.74 | 0.49 |
| AC1-0030 | 镀锌扁钢 <－59 | kg | 1.80 | 14.25 | 5.40 | 9.72 | 4.63 | 8.33 | 1.39 | 0.92 |
| AC9C0003 | 型钢 | kg | 60.00 | 14.25 | 4.45 | 267 | 3.82 | 228.95 | 38.05 | 25.18 |
| AK1C0012 | 不锈钢板 0Cr18Ni9Ti δ0.05～0.5 | kg | 0.10 | 14.25 | 21.00 | 2.1 | 18.00 | 1.80 | 0.30 | 0.20 |
| AM1C0055 | 紫铜皮（各种规格） | kg | 0.10 | 14.25 | 55.00 | 5.5 | 47.20 | 4.72 | 0.78 | 0.52 |
| BB1-0047 | 水泥 32.5 | kg | 11.60 | 14.25 | 0.36 | 4.18 | 0.31 | 3.58 | 0.60 | 0.39 |
| BK5-0023 | 塑料布 | kg | 1.00 | 14.25 | 15.00 | 15 | 12.86 | 12.86 | 2.14 | 1.41 |
| BM1-3001 | 橡胶板 δ1～3 | kg | 1.50 | 14.25 | 2.00 | 3 | 1.71 | 2.57 | 0.43 | 0.28 |
| CA1-0004 | 电焊条 结 422 ϕ3.2 | kg | 0.50 | 14.25 | 4.85 | 2.43 | 4.16 | 2.08 | 0.35 | 0.23 |
| CSCLF | 措施费中的材料费 | 元 | | 6.00 | 1.00 | | 0.00 | | | |
| DQ061 | 汽油 | kg | 2.00 | 14.25 | 8.30 | 16.6 | 7.12 | 14.23 | 2.37 | 1.57 |
| DQ1-0034 | 喷漆 | kg | 0.24 | 14.25 | 15.20 | 3.65 | 13.04 | 3.13 | 0.52 | 0.34 |
| DR1-0008 | 红丹粉 | kg | 0.10 | 14.25 | 1.60 | 0.16 | 1.40 | 0.14 | 0.02 | 0.02 |
| DR1-0035 | 黑铅粉 | kg | 0.05 | 14.25 | 1.40 | 0.07 | 1.20 | 0.06 | 0.01 | 0.01 |
| EA1-0004 | 丙酮 | kg | 0.05 | 14.25 | 12.60 | 0.59 | 10.92 | 0.51 | 0.08 | 0.06 |
| EA1-0039 | 煤油 | kg | 2.00 | 14.25 | 11.90 | 23.8 | 10.21 | 20.41 | 3.39 | 2.25 |
| EA1-0073 | 黄干油 钙基脂 | kg | 1.00 | 14.25 | 23.80 | 23.8 | 20.41 | 20.41 | 3.39 | 2.25 |
| EA1-0076 | 机油 | kg | 0.17 | 14.25 | 11.20 | 1.88 | 9.58 | 1.61 | 0.27 | 0.18 |

续表 2-9-11

| 编码 | 名称及型号规格 | 单位 | 数量 | 除税系数（%） | 含税价格（元） | 含税价格合计（元） | 除税价格（元） | 除税价格合计（元） | 进项税额合计（元） | 销项税额合计（元） |
|---|---|---|---|---|---|---|---|---|---|---|
| EA1C0047 | 铅油 | kg | 0.50 | 14.25 | 16.10 | 8.05 | 13.80 | 6.90 | 1.15 | 0.76 |
| EB1-0109 | 氧气 | $m^3$ | 5.41 | 14.25 | 4.67 | 25.25 | 4.00 | 21.65 | 3.60 | 2.38 |
| ED1-0172 | 聚四氟乙烯生料带 宽 20 | m | 20.96 | 14.25 | 1.60 | 33.54 | 1.37 | 28.76 | 4.78 | 3.16 |
| FD2-0010 | 密封胶 | 支 | 2.00 | 14.25 | 19.00 | 38 | 16.29 | 32.58 | 5.42 | 3.58 |
| FP0-0017 | 橡胶石棉盘根 编 ϕ6～25 250℃ | kg | 1.70 | 14.25 | 44.00 | 74.8 | 37.73 | 64.14 | 10.66 | 7.06 |
| FP0-0169 | 石棉绒(综合) | kg | 5.00 | 14.25 | 14.00 | 70 | 12.00 | 60.02 | 9.98 | 6.60 |
| ID2-0002 | 尼龙砂轮片 ϕ100 | 片 | 0.08 | 14.25 | 10.40 | 0.83 | 8.88 | 0.71 | 0.12 | 0.08 |
| IE1-0215 | 钢锯条 | 根 | 2.00 | 14.25 | 0.40 | 0.8 | 0.35 | 0.69 | 0.11 | 0.08 |
| IE2-0016 | 砂纸 0＃ | 张 | 1.88 | 14.25 | 0.50 | 0.94 | 0.43 | 0.81 | 0.13 | 0.09 |
| IE2-0043 | 铁砂布 0＃～2＃ | 张 | 4.00 | 14.25 | 0.90 | 3.6 | 0.77 | 3.09 | 0.51 | 0.34 |
| IF2-2007 | 镀锌铁丝 8＃～12＃ | kg | 1.31 | 14.25 | 6.00 | 7.89 | 5.15 | 6.77 | 1.12 | 0.74 |
| OA0-0013 | 焊接钢管 DN20 | m | 3.70 | 14.25 | 7.55 | 27.94 | 6.48 | 23.96 | 3.98 | 2.64 |
| OB9-0012 | 室外镀锌钢管接头零件 DN100 | 个 | 2.86 | 14.25 | 26.04 | 74.41 | 22.33 | 63.81 | 10.60 | 7.02 |
| OB9-0020 | 室外镀锌钢管接头零件 DN50 | 个 | 1.78 | 14.25 | 6.44 | 11.49 | 5.52 | 9.85 | 1.64 | 1.08 |
| OL1-0046 | 镀锌弯头 DN20 | 个 | 2.00 | 14.25 | 1.55 | 3.1 | 1.33 | 2.66 | 0.44 | 0.29 |
| OP1-3126 | 塑料管件 ϕ110 室外 | 个 | 0.44 | 14.25 | 30.41 | 13.38 | 26.06 | 11.47 | 1.91 | 1.26 |
| PBB-0020 | 螺纹截止阀 J11T-16 DN20 | 个 | 2.00 | 14.25 | 30.00 | 60 | 25.73 | 51.45 | 8.55 | 5.66 |
| Q80002 | 黏接剂(卫生级) | kg | 0.03 | 14.25 | 13.00 | 0.4 | 10.93 | 0.34 | 0.06 | 0.04 |
| SG1-0084 | 保险丝 5A | 轴 | 0.10 | 14.25 | 6.80 | 0.68 | 5.80 | 0.58 | 0.10 | 0.06 |
| ZA1-0002 | 水 | $m^3$ | 0.78 | 2.86 | 5.00 | 3.91 | 4.86 | 3.80 | 0.11 | 0.42 |
| ZA1-0005 | 电 | kW·h | 440.97 | 14.25 | 1.00 | 440.97 | 0.86 | 378.13 | 62.84 | 41.59 |

续表 2-9-11

| 编码 | 名称及型号规格 | 单位 | 数量 | 除税系数（%） | 含税价格（元） | 含税价格合计（元） | 除税价格（元） | 除税价格合计（元） | 进项税额合计（元） | 销项税额合计（元） |
|---|---|---|---|---|---|---|---|---|---|---|
| ZC1-0009 | 白布 | m | 0.30 | 14.25 | 2.00 | 0.6 | 1.70 | 0.51 | 0.09 | 0.06 |
| ZD1-0009 | 棉纱头 | kg | 0.80 | 14.25 | 5.40 | 4.32 | 4.63 | 3.70 | 0.62 | 0.41 |
| ZD2-0022 | 砂轮片 ϕ400 | 片 | 0.21 | 14.25 | 35.00 | 7.49 | 30.01 | 6.42 | 1.07 | 0.71 |
| ZE1-0047 | 破布 | kg | 0.26 | 14.25 | 3.02 | 0.79 | 2.61 | 0.68 | 0.11 | 0.07 |
| ZE1-0229 | 面粉 | kg | 0.20 | 14.25 | 1.61 | 0.32 | 1.35 | 0.27 | 0.05 | 0.03 |
| ZE1-0256 | 汽轮机油 | kg | 2.50 | 14.25 | 7.44 | 18.6 | 6.38 | 15.95 | 2.65 | 1.75 |
| ZE1-0262 | 青壳纸 δ 0.1～1 | kg | 0.60 | 14.25 | 13.00 | 7.8 | 11.15 | 6.69 | 1.11 | 0.74 |
| ZE1-0354 | 碳钢气焊条 ＜ϕ2 | kg | 0.75 | 14.25 | 5.23 | 3.92 | 4.48 | 3.36 | 0.56 | 0.37 |
| ZE1-0360 | 碳钢电焊条 结 422 ϕ3.2 | kg | 0.85 | 14.25 | 4.00 | 3.42 | 3.43 | 2.93 | 0.49 | 0.32 |
| ZE1-0439 | 硝基快干腻子 | kg | 0.08 | 14.25 | 8.34 | 0.67 | 7.13 | 0.57 | 0.10 | 0.06 |
| ZE1-0450 | 信那水 硝基漆稀释剂 | kg | 0.20 | 14.25 | 5.02 | 1 | 4.30 | 0.86 | 0.14 | 0.09 |
| ZE1-0497 | 乙炔气 | kg | 1.94 | 14.25 | 30.00 | 58.27 | 25.73 | 49.97 | 8.30 | 5.50 |
| ZE1C0497 | 油麻 | kg | 2.40 | 14.25 | 12.00 | 28.8 | 10.29 | 24.70 | 4.10 | 2.72 |
| ZG1-0001 | 其他材料费 | 元 | 30.65 |  | 1.00 | 30.65 | 1.00 | 30.65 |  | 3.37 |
|  | 截止阀:DN 50 | 个 | 2.00 | 14.25 | 150.00 | 300 | 128.63 | 257.25 | 42.75 | 28.30 |
|  | 水泵 | 台 | 1.00 | 14.25 | 1 400.00 | 1 400 | 1 200.50 | 1 200.50 | 199.50 | 132.06 |
|  | 塑料给水管(黏接)管道外径 110 mm | m | 2.70 | 14.25 | 26.40 | 71.28 | 22.64 | 61.12 | 10.16 | 6.72 |
|  | 镀锌钢管 规格 DN 50 | m | 9.64 | 14.25 | 62.51 | 602.6 | 53.60 | 516.73 | 85.87 | 56.84 |
|  | 砖砌盖板式阀门井 ϕ1 000 | 座 | 1.00 | 14.25 | 1 600.00 | 1 600 | 1 372.00 | 1 372.00 | 228.00 | 150.92 |
|  | 刚性防水套管公称直径 50 mm | 个 | 2.00 | 14.25 | 26.40 | 52.8 | 22.64 | 45.28 | 7.52 | 4.98 |
|  | 截止阀:DN20 | 个 | 2.00 | 14.25 | 120.00 | 240 | 102.90 | 205.80 | 34.20 | 22.64 |

续表 2-9-11

| 编码 | 名称及型号规格 | 单位 | 数量 | 除税系数（%） | 含税价格（元） | 含税价格合计（元） | 除税价格（元） | 除税价格合计（元） | 进项税额合计（元） | 销项税额合计（元） |
|---|---|---|---|---|---|---|---|---|---|---|
| | 镀锌钢管.规格 DN100 | m | 17.53 | 14.25 | 350.00 | 6 135.5 | 300.12 | 5 261.19 | 874.31 | 578.73 |
| | 蝶式止回阀 :DN100 | 个 | 1.00 | 14.25 | 45.00 | 45 | 38.59 | 38.59 | 6.41 | 4.24 |
| | 蝶阀 :DN100 | 个 | 1.00 | 14.25 | 450.00 | 450 | 385.87 | 385.87 | 64.13 | 42.45 |
| | 砖砌盖板式阀门井 ϕ800 | 座 | 4.00 | 14.25 | 1 500.00 | 6 000 | 1 286.25 | 5 145.00 | 855.00 | 565.95 |
| 小计 | | | | | | 18 518.10 | | 15 884.09 | 2 634.01 | 1 747.26 |
| 机械 | | | | | | | | | | |
| 00009028 | 电焊机(综合) | 台班 | 0.03 | 7.679 5 | 203.79 | 5.52 | 188.19 | 5.10 | 0.42 | 0.56 |
| 00103028 | 桥式起重机 20 t | 台班 | 0.15 | 9.841 2 | 733.55 | 110.03 | 661.33 | 99.20 | 10.83 | 10.91 |
| 00109002 | 交流电焊机 30 kV·A | 台班 | 0.25 | 6.868 4 | 210.82 | 52.71 | 196.36 | 49.09 | 3.62 | 5.40 |
| CSJXF | 措施费中的机械费 | 元 | | 4.000 0 | 1.00 | | 0.00 | | | |
| JX001 | 折旧费(机械台班) | 元 | 68.42 | 14.530 0 | 1.00 | 68.42 | 0.854 7 | 58.48 | 9.94 | 6.43 |
| JX002 | 大修理费(机械台班) | 元 | 17.97 | 14.530 0 | 1.00 | 17.97 | 0.854 7 | 15.36 | 2.61 | 1.69 |
| JX003 | 经常修理费(机械台班) | 元 | 29.99 | 10.170 0 | 1.00 | 29.99 | 0.898 3 | 26.94 | 3.05 | 2.96 |
| JX004 | 安拆费及场外运费(机械台班) | 元 | 2.47 | | 1.00 | 2.47 | 1.00 | 2.47 | | 0.27 |
| JX005 | 人工(机械台班) | 工日 | 1.94 | | 60.00 | 116.59 | 60.00 | 116.59 | | 12.82 |
| JX007 | 柴油(机械台班) | kg | 6.54 | 14.250 0 | 9.80 | 64.11 | 8.40 | 54.97 | 9.14 | 6.05 |
| JX009 | 电(机械台班) | kW·h | 38.60 | 14.250 0 | 1.00 | 38.6 | 0.86 | 33.10 | 5.50 | 3.64 |
| JX013 | 人工费(机械台班) | 元 | 37.47 | | 1.00 | 37.47 | 1.00 | 37.47 | | 4.12 |
| JX014 | 其他费用(机械台班) | 元 | 3.56 | | 1.00 | 3.56 | 1.00 | 3.56 | | 0.39 |
| 小计 | | | | | | 547.44 | | 502.33 | 45.11 | 55.24 |
| 合计 | | | | | | 19 065.54 | — | 16 386.42 | 2 679.12 | 1 802.50 |

表 2-9-12 单位工程费汇总表

| 序号 | 名称 | 计算基数 | 费率(%) | 金额(元) | 名目(元) | | |
|---|---|---|---|---|---|---|---|
| | | | | | 人工费 | 材料费 | 机械费 |
| 1 | 分部分项工程量清单计价合计 | — | — | 22 320.38 | 2 592.54 | 18 518.14 | 547.49 |
| 2 | 措施项目清单计价合计 | — | — | | | | |
| 2.1 | 单价措施项目工程量清单计价合计 | — | — | | | | |
| 2.2 | 其他总价措施项目清单计价合计 | — | — | | | | |
| 3 | 其他项目清单计价合计 | — | — | | — | — | — |
| 4 | 规费 | — | — | 622.56 | — | — | — |
| 5 | 安全生产、文明施工费 | — | — | 910.94 | — | — | — |
| 6 | 税前工程造价 | — | — | 23 853.88 | | | |
| 6.1 | 其中:进项税额 | — | — | 2 716.39 | — | — | — |
| 7 | 销项税额 | — | 11.000 | 2 325.12 | — | — | — |
| 8 | 增值税应纳税额 | — | — | | — | — | — |
| 9 | 附加税费 | — | 13.500 | | — | — | — |
| 10 | 税金 | — | — | | — | — | — |
| 合计 | | — | | 23 853.88 | 2 592.54 | 18 518.14 | 547.49 |

③根据计算出的雨水系统工程量,利用河北省新奔腾计价软件编制雨水工程报价。分部分项工程量清单综合单价分析表,分部分项工程量清单计价表,总价措施项目清单与计价表,材料、机械、设备增值税计算表,单位工程费汇总表分别见表 2-9-13 至表 2-9-17。

**表 2-9-13 分部分项工程量清单综合单价分析表**

| 序号 | 项目编码（定额编号） | 项目名称 | 单位 | 数量 | 综合单价（元） | 合价(元) | 综合单价组成(元) | | | | 人工单价（元/工日） |
|---|---|---|---|---|---|---|---|---|---|---|---|
| | | | | | | | 人工费 | 材料费 | 机械费 | 管理费和利润 | |
| 1 | 010101003001 | 人工挖沟槽 | $m^3$ | 250.91 | 30.44 | 7 637.70 | 24.35 | | | 6.09 | 47.00 |
| | [51]A1-15 | 人工挖沟槽三类土（深度 2 m 以内） | 100 $m^3$ | 2.51 | 3 043.84 | 7 636.99 | 2 435.07 | | | 608.77 | 47.00 |
| 2 | 010103001001 | 回填土 夯填 | $m^3$ | 205.67 | 19.78 | 4 068.15 | 13.33 | | 2.50 | 3.95 | 47.00 |
| | [51]A1-41 | 人工回填土 夯填 | 100 $m^3$ | 2.06 | 1 978.08 | 4 068.91 | 1 332.45 | | 250.01 | 395.62 | 47.00 |
| 3 | 031001006001 | 塑料管规格:双波纹 De200 | m | 448.05 | 66.94 | 29 992.47 | 3.54 | 62.48 | 0.03 | 0.90 | 60.00 |
| | 8-164 | 室外管道安装,承插塑料排水管(零件黏接)管道外径 200 mm 以内 | 10 m | 44.81 | 89.41 | 4 006.02 | 35.40 | 44.77 | 0.31 | 8.93 | 60.00 |
| | | 塑料管规格:双波纹 De200 | m | 448.05 | 58.00 | 25 986.90 | | 58.00 | | | |
| 4 | 070112001001 | 雨水井 | 座 | 4.00 | 2 332.61 | 9 330.44 | 552.00 | 1 577.47 | 52.11 | 151.03 | 60.00 |
| | [54]6-760 | 圆形雨水检查井,砖砌盖板式 | 座 | 4.00 | 2 332.61 | 9 330.44 | 552.00 | 1 577.47 | 52.11 | 151.03 | 60.00 |
| 5 | 040504009001 | 平篦式单篦雨水口 | 座 | 43.00 | 460.95 | 19 820.85 | 28.20 | 425.70 | | 7.05 | 60.00 |
| | [54]6-1049 | 砖砌雨水进水井,单平箅 | 座 | 43.00 | 80.95 | 3 480.85 | 28.20 | 45.70 | | 7.05 | 60.00 |
| | | 篦子 | 个 | 43.00 | 380.00 | 16 340.00 | | 380.00 | | | |

表 2-9-14　分部分项工程量清单与计价表

| 序号 | 项目编码 | 项目名称 | 计量单位 | 工程数量 | 金额(元) | |
|---|---|---|---|---|---|---|
| | | | | | 综合单价 | 合价 |
| 1 | 010101003001 | 人工挖沟槽 | $m^3$ | 250.91 | 30.44 | 7 637.70 |
| 2 | 010103001001 | 回填土 夯填 | $m^3$ | 205.67 | 19.78 | 4 068.15 |
| 3 | 031001006001 | 塑料管规格:双波纹 De200 | m | 448.05 | 66.94 | 29 992.47 |
| 4 | 070112001001 | 雨水井 | 座 | 4.00 | 2 332.61 | 9 330.44 |
| 5 | 040504009001 | 平篦式单篦雨水口 | 座 | 43.00 | 460.95 | 19 820.85 |
| 本页小计 | | | | | | 70 849.61 |
| 合计 | | | | | | 70 849.61 |

表 2-9-15　总价措施项目清单与计价表

| 序号 | 项目编码 | 项目名称 | 金额(元) |
|---|---|---|---|
| 1.安全生产、文明施工费 | | | |
| 1 | 031302001001 | 安全生产、文明施工费 | 3 057.06 |
| 小计 | | | 3 057.06 |

表 2-9-16 材料、机械、设备增值税计算表

| 编码 | 名称及型号规格 | 单位 | 数量 | 除税系数（%） | 含税价格（元） | 含税价格合计（元） | 除税价格（元） | 除税价格合计（元） | 进项税额合计（元） | 销项税额合计（元） |
|---|---|---|---|---|---|---|---|---|---|---|
| 材料 | | | | | | | | | | |
| B01-0087 | 塑钢爬梯 | kg | 24.24 | 14.25 | 6.05 | 146.65 | 5.19 | 125.75 | 20.90 | 13.83 |
| BD1-0001 | 标准砖 240×115×53 | 千块 | 10.16 | 14.25 | 380.00 | 3 858.9 | 325.85 | 3 309.01 | 549.89 | 363.99 |
| BK1-2000 | 塑料薄膜 | $m^2$ | 59.57 | 14.25 | 1.50 | 89.36 | 1.29 | 76.63 | 12.73 | 8.43 |
| CSCLF | 措施费中的材料费 | 元 | 1 355.76 | 6.00 | 1.00 | 1 355.76 | 0.94 | 1 274.41 | 81.35 | 140.19 |
| DD1-0009 | 煤焦沥青漆 | kg | 1.96 | 14.25 | 8.00 | 15.68 | 6.86 | 13.45 | 2.23 | 1.48 |
| EA1-0004 | 丙酮 | kg | 16.58 | 14.25 | 12.60 | 208.88 | 10.80 | 179.11 | 29.77 | 19.70 |
| ED1-0175 | 黏接剂 | kg | 1.70 | 14.25 | 18.00 | 30.65 | 15.44 | 26.28 | 4.37 | 2.89 |
| ME0-0052 | 铸铁井盖、井座 ϕ700 重型 | 套 | 4.00 | 14.25 | 650.00 | 2 600 | 557.38 | 2 229.50 | 370.50 | 245.25 |
| Q800023 | 承插塑料排水管件(室外) ϕ200 | 个 | 44.81 | 14.25 | 37.37 | 1 674.36 | 32.04 | 1 435.76 | 238.60 | 157.93 |
| ZA1-0002 | 水 | $m^3$ | 23.23 | 2.86 | 5.00 | 116.14 | 4.86 | 112.82 | 3.32 | 12.41 |
| ZF1-0028 | 现浇混凝土（中砂碎石）C15-40 | $m^3$ | 2.15 | 8.99 | 173.69 | 373.09 | 158.07 | 339.54 | 33.55 | 37.35 |
| ZF1-0166 | 预制混凝土（中砂碎石）C25-40 | $m^3$ | 1.12 | 9.45 | 190.67 | 213.55 | 172.65 | 193.37 | 20.18 | 21.27 |
| ZF1-0369 | 砌筑水泥砂浆 M7.5（中砂） | $m^3$ | 3.63 | 10.14 | 137.43 | 499.15 | 123.49 | 448.52 | 50.63 | 49.34 |
| ZF1-0371 | 砌筑水泥砂浆 M10（中砂） | $m^3$ | 2.02 | 10.44 | 148.23 | 299.57 | 132.76 | 268.31 | 31.26 | 29.51 |
| ZF1-0393 | 抹灰水泥砂浆 1:2（中砂） | $m^3$ | 0.04 | 12.14 | 243.54 | 10.47 | 213.95 | 9.20 | 1.27 | 1.01 |

续表 2-9-16

| 编码 | 名称及型号规格 | 单位 | 数量 | 除税系数（%） | 含税价格（元） | 含税价格合计（元） | 除税价格（元） | 除税价格合计（元） | 进项税额合计（元） | 销项税额合计（元） |
|---|---|---|---|---|---|---|---|---|---|---|
| ZF1-0470 | 防水砂浆(防水粉 5%) 1:2(中砂) | $m^3$ | 0.45 | 12.53 | 298.74 | 135.03 | 261.33 | 118.12 | 16.91 | 12.99 |
| ZG1-0001 | 其他材料费 | 元 | 9.04 | | 1.00 | 9.04 | 1.00 | 9.04 | | 0.99 |
| | 篦子 | 个 | 43.00 | 14.25 | 380.00 | 16 340 | 325.85 | 14 011.55 | 2 328.45 | 1 541.27 |
| | 塑料管规格：双波纹 De200 | m | 448.05 | 14.25 | 58.00 | 25 986.9 | 49.74 | 22 283.77 | 3 703.13 | 2 451.21 |
| 小计 | | | | | | 53 963.18 | | 46 464.14 | 7 499.04 | 5 111.04 |
| 机械 | | | | | | | | | | |
| CSJXF | 措施费中的机械费 | 元 | | 4.000 0 | 1.00 | | 0.00 | | | |
| JX001 | 折旧费(机械台班) | 元 | 115.38 | 14.530 0 | 1.00 | 115.38 | 0.854 7 | 98.62 | 16.76 | 10.85 |
| JX002 | 大修理费(机械台班) | 元 | 24.09 | 14.530 0 | 1.00 | 24.09 | 0.854 7 | 20.59 | 3.50 | 2.26 |
| JX003 | 经常修理费(机械台班) | 元 | 93.62 | 10.170 0 | 1.00 | 93.62 | 0.898 3 | 84.10 | 9.52 | 9.25 |
| JX004 | 安拆费及场外运费(机械台班) | 元 | 84.30 | | 1.00 | 84.3 | 1.00 | 84.30 | | 9.27 |
| JX005 | 人工(机械台班) | 工日 | 0.66 | | 60.00 | 39.84 | 60.00 | 39.84 | | 4.38 |
| JX007 | 柴油(机械台班) | kg | 6.91 | 14.250 0 | 9.80 | 67.69 | 8.40 | 58.04 | 9.65 | 6.38 |
| JX009 | 电(机械台班) | kW·h | 296.30 | 14.250 0 | 1.00 | 296.3 | 0.86 | 254.08 | 42.22 | 27.95 |
| JX013 | 人工费(机械台班) | 元 | 11.50 | | 1.00 | 11.5 | 1.00 | 11.50 | | 1.27 |
| JX014 | 其他费用(机械台班) | 元 | 3.97 | | 1.00 | 3.97 | 1.00 | 3.97 | | 0.44 |
| 小计 | | | | | | 736.69 | | 655.04 | 81.65 | 72.05 |
| 合计 | | | | | | 54 699.87 | — | 47 119.18 | 7 580.69 | 5 183.09 |

**表 2-9-17 单位工程费汇总表**

| 序号 | 名称 | 计算基数 | 费率(%) | 金额(元) | 名目(元) | | |
|---|---|---|---|---|---|---|---|
| | | | | | 人工费 | 材料费 | 机械费 |
| 1 | 分部分项工程量清单计价合计 | — | — | 70 849.61 | 13 857.94 | 52 609.14 | 736.06 |
| 2 | 措施项目清单计价合计 | — | — | 2 528.73 | 938.38 | 1 355.75 | |
| 2.1 | 单价措施项目工程量清单计价合计 | — | — | | | | |
| 2.2 | 其他总价措施项目清单计价合计 | — | — | 2 528.73 | 938.38 | 1 355.75 | |
| 3 | 其他项目清单计价合计 | — | — | | — | — | — |
| 4 | 规费 | — | — | 3 650.14 | — | — | — |
| 5 | 安全生产、文明施工费 | — | — | 3 057.06 | — | — | — |
| 6 | 税前工程造价 | — | — | 80 085.54 | | | |
| 6.1 | 其中:进项税额 | — | — | 7 730.66 | — | — | — |
| 7 | 销项税额 | — | 11.000 | 7 959.04 | — | — | — |
| 8 | 增值税应纳税额 | — | — | 228.38 | — | — | — |
| 9 | 附加税费 | — | 13.500 | 30.83 | — | — | — |
| 10 | 税金 | — | — | 259.21 | — | — | — |
| 合计 | | | | 80 344.75 | 14 796.32 | 53 964.89 | 736.06 |

# 任务 10 电气工程计价

## 步骤一 读图算量

### 一、电气工程施工图识读

1. 根据图纸目录，查看电气工程相关图纸

图号 DS-01 设计说明、图例及配电箱系统图，图号 DS-02 电气平面图。

2. 图纸浏览的顺序

按图号 DS-01、DS-02。

3. 图号 DS-01 图纸由电气设计说明、相关图例及配电箱系统图 3 部分组成

电气设计说明中给出了设计依据、设计范围以及电缆敷设、灯具使用等相关规定。图例及设备表清楚地列出了各种设备在图中的标识、名称及规格等相关内容。从配电箱系统图中可以看出该电气工程包含 3 个配电箱。每个配电箱的配电线路均由用电线路、备用线路和电源保护器 3 部分组成。

4. 从图号 DS-02 图可以看出

电箱 AL1 为停车场庭院灯配电；电箱 AL2 共有 5 条配电线路分别为 2＃商业综合楼及周围庭院灯、草坪灯、埋地射灯及潜水泵供电；电箱 AL3 共有 2 条配电线路为 1＃商业综合楼及周围停车场庭院灯供电。

### 二、分析工程量清单

结合图纸 DS-01 和 DS-02 分析由招标方提供的工程量清单，并在规定时间内提出清单中与图纸不符合的项目，待招标方澄清后，根据工程量清单进行自主报价。招标人修正后的电气工程量清单如表 2-10-1 所示。

表 2-10-1 工程量清单表

| 序号 | 项目名称及特征描述 | 单位 | 工程量 |
|---|---|---|---|
| 一、设备灯具 | | | |
| 1 | 庭院灯 | 套 | 37.00 |
| 2 | 草坪灯 | 套 | 7.00 |
| 3 | 埋地射灯 | 套 | 8.005 |
| 4 | 亭柱上壁灯 | 套 | 16.00 |
| 5 | 室外照明配电箱 | 台 | 3.00 |

续表 2-10-1

| 序号 | 项目名称及特征描述 | 单位 | 工程量 |
|---|---|---|---|
| 二、线管 | | | |
| 1 | 电缆沟挖填土 | $m^3$ | 375.82 |
| 2 | 电缆埋地敷设 YJV22-4×4 | 100 m | 0.18 |
| 3 | 电缆埋地敷设 YJV22-3×4 | 100 m | 8.77 |
| 4 | 电缆沟铺砂盖砖 | 100 m | 7.25 |
| 5 | 电缆穿管敷设 YJV22-3×4 | 100 m | 1.10 |
| 6 | 电缆保护管埋设 SC32 | 100 m | 0.52 |
| 7 | 电缆保护管埋设 SC80 | 100 m | 0.58 |

## 三、电气工程定额工程量计算

### (一)工程量计算规则

根据现行《河北省安装工程消耗定额(2012)》中有关电气工程工程量计算规则，计算出本项目中电气工程的工程量。

### (二)工程量计算方法

1. 该工程景观配电箱均为非标设计，室外安装，要求设置高于地面 20 cm 以上的基座

计算时注意增加基座高度。

2. 电缆敷设采用埋地敷设，利用 AutoCAD 辅助算量功能计算敷设水平长度

注意增加电缆埋地深度，一般埋深为－0.8 m，直埋于种植区及穿越车行道电缆埋深为－1.1 m。电缆敷设的预留长度如表 2-10-2 所示。

**表 2-10-2 电缆敷设的预留长度**

| 序号 | 项目 | 预留长度(附加) | 说明 |
|---|---|---|---|
| 1 | 电缆敷设弛度、波形弯度、交叉 | 2.5% | 按电缆全长计算 |
| 2 | 电缆进入建筑物处 | 2.0 m | 规范规定最小值 |
| 3 | 电缆进入沟内或吊架时引上(下) | 1.5 m | 规范规定最小值 |
| 4 | 变电所进线与出线 | 1.5 m | 规范规定最小值 |
| 5 | 电力电缆终端头 | 1.5 m | 检修余量最小值 |
| 6 | 电缆中间接头盒 | 两端各留 2.0 m | 检修余量最小值 |
| 7 | 电缆进入控制屏、保护屏 | 高＋宽 | 按盘面尺寸 |
| 8 | 高压开关柜、低压动力盘、箱 | 2.0 m | 盘下进出线 |

续表 2-10-2

| 序号 | 项目 | 预留长度(附加) | 说明 |
|---|---|---|---|
| 9 | 电缆至电动机 | 0.5 m | 从电机接线盒算起 |
| 10 | 厂用变压器 | 3.0 m | 从地坪算起 |
| 11 | 电梯电缆与电缆架固定点 | 按实计算 | 按被绕物的断面情况计算增加长度 |
| 12 | 电缆绕梁柱等增加长度 | 每处 0.5 m | 规范最小值 |

3. 电缆穿车行道需加保护管(SC80),其他路面、铺装下面以及水池底、建筑内等均穿(SC32)保护管

保护范围应超出路基、街道路面两边及排水沟边 0.5 m 以上。具体长度可按表 2-10-3 取定。

**表 2-10-3　电缆保护管增加长度**

| 项目 | 增加 |
|---|---|
| 横穿道路 | 路基宽度两端增加 2 m |
| 垂直敷设 | 管口距地面增加 2 m |
| 穿建筑物外墙 | 按基础外缘以外增加 1 m |
| 穿排水沟 | 按沟壁外缘以外增加 1 m |

4. 电缆沟挖填土的工程量计算

(1)对于两根以内的直埋电缆沟按上口宽度 600 mm、下口宽度 400 mm、深度 900 mm 计算。即每米沟长挖方量为 0.45 敲。每增加一根增加 0.153 敲。

(2)电缆保护管埋地敷设土方量,对于施工图中有明确标注的,严格按照施工图计算。对于没有施工图的,可以按照沟深为 0.9 m,沟宽按最外边的保护管每边各增加 0.3 m 的工作面计算。

5. 电缆沟铺砂盖砖的工程量

电缆沟铺砂盖砖的工程量即为施工线路长度,可以利用 AutoCAD 辅助算量功能进行计算。

## 步骤二　套定额取费计算

根据计算出的电气工程量,利用河北省新奔腾计价软件编制电气工程报价。分部分项工程量清单综合单价分析表,分部分项工程量清单计价表,总价措施项目清单与计价表,材料、机械、设备增值税计算表,单位工程费汇总表分别见表 2-10-4 至表 2-10-8。

**表 2-10-4　分部分项工程量清单综合单价分析表**

| 序号 | 项目编码（定额编号） | 项目名称 | 单位 | 数量 | 综合单价（元） | 合价(元) | 综合单价组成(元) | | | | 人工单价（元/工日） |
|---|---|---|---|---|---|---|---|---|---|---|---|
| | | | | | | | 人工费 | 材料费 | 机械费 | 管理费和利润 | |
| 1 | 030412001001 | 庭院灯 | 套 | 37.00 | 348.05 | 12 877.85 | 195.29 | 12.49 | 80.55 | 59.72 | 74.00 |
| | 2-1714 | 路灯安装，庭院路灯，七火以下柱灯 | 10 套 | 3.70 | 3 480.50 | 12 877.85 | 1 952.86 | 124.87 | 805.54 | 597.23 | 74.00 |
| 2 | 030412001002 | 草坪灯 | 套 | 7.00 | 109.73 | 768.11 | 66.38 | 29.90 | | 13.45 | 74.00 |
| | 2-1635 | 草坪灯具安装，立柱式 | 10 套 | 0.70 | 1 097.28 | 768.10 | 663.78 | 298.95 | | 134.55 | 74.00 |
| 3 | 030412001003 | 埋地射灯 | 套 | 8.00 | 26.51 | 212.08 | 20.13 | 2.30 | | 4.08 | 74.00 |
| | 2-1476 | 埋地灯安装 | 10 套 | 0.80 | 265.11 | 212.09 | 201.28 | 23.03 | | 40.80 | 74.00 |
| 4 | 030412001004 | 亭柱上壁灯 | 套 | 16.00 | 24.97 | 399.52 | 14.65 | 7.35 | | 2.97 | 74.00 |
| | 2-1471 | 一般壁灯安装 | 10 套 | 1.60 | 249.67 | 399.47 | 146.52 | 73.45 | | 29.70 | 74.00 |
| 5 | 040801010001 | 室外照明配电箱 | 台 | 3.00 | 509.21 | 1 527.63 | 256.78 | 42.37 | 126.41 | 83.65 | 74.00 |
| | 2-261 | 落地式成套配电箱安装 | 台 | 3.00 | 509.21 | 1 527.63 | 256.78 | 42.37 | 126.41 | 83.65 | 74.00 |
| 6 | 060104005001 | 电缆沟挖填土 | 亩 | 375.82 | 33.72 | 12 672.65 | 28.20 | | | 5.52 | 60.00 |
| | 2-519 | 电缆沟挖填，一般土沟 | 亩 | 375.82 | 33.72 | 12 672.65 | 28.20 | | | 5.52 | 60.00 |
| 7 | 030408001001 | 电缆埋地敷设 YJV22-4×4 | m | 18.00 | 22.05 | 396.90 | 2.93 | 17.22 | 1.05 | 0.85 | 74.00 |
| | 2-617 | 电缆埋地敷设，截面 10 $mm^2$ 以下 | 100 m | 0.18 | 2 187.01 | 393.66 | 293.04 | 1 703.57 | 104.80 | 85.60 | 74.00 |
| | 2-673 | 户外干包式电力电缆终端头制作、安装，1 kV 以下干包式，截面 10 $mm^2$ 以下 | 个 | | 152.92 | | 111.00 | 19.42 | | 22.50 | 74.00 |
| | | YJV22-4×4 | m | 18.00 | 0.18 | 3.24 | | 0.18 | | | |
| 8 | 030408001002 | 电缆埋地敷设 YJV22-3×4 | m | 877.00 | 7.04 | 6 174.08 | 2.93 | 2.21 | 1.05 | 0.85 | 74.00 |

续表 2-10-4

| 序号 | 项目编码（定额编号） | 项目名称 | 单位 | 数量 | 综合单价（元） | 合价（元） | 综合单价组成（元） | | | | 人工单价（元/工日） |
|---|---|---|---|---|---|---|---|---|---|---|---|
| | | | | | | | 人工费 | 材料费 | 机械费 | 管理费和利润 | |
| | 2-617 | 电缆埋地敷设，截面 10 mm² 以下 | 100 m | 8.77 | 689.79 | 6 049.46 | 293.04 | 206.35 | 104.80 | 85.60 | 74.00 |
| | 2-673 | 户外干包式电力电缆终端头制作、安装，1 kV 以下干包式，截面 10 mm² 以下 | 个 | | 152.92 | | 111.00 | 19.42 | | 22.50 | 74.00 |
| | | YJV22-3×4 | m | 877.00 | 0.14 | 122.78 | | 0.14 | | | |
| 9 | 030408005001 | 电缆沟铺沙盖砖 | m | 725.00 | 11.14 | 8 076.50 | 3.68 | 6.74 | | 0.72 | 60.00 |
| | 2-529 | 电缆沟铺砂盖砖 1～2 根 | 100 m | 7.25 | 1 114.33 | 8 078.89 | 368.40 | 673.78 | | 72.15 | 60.00 |
| 10 | 030408001003 | 电缆穿管敷设 YJV22-3×4 | m | 110.00 | 5.81 | 639.10 | 2.93 | 0.98 | 1.05 | 0.85 | 74.00 |
| | 2-617 | 电缆穿管敷设，截面 10 mm² 以下 | 100 m | 1.10 | 567.01 | 623.71 | 293.04 | 83.57 | 104.80 | 85.60 | 74.00 |
| | | YJV22-3×4 | m | 110.00 | 0.14 | 15.40 | | 0.14 | | | |
| 11 | 030408003001 | 电缆保护管埋设 SC32 | m | 52.00 | 75.24 | 3912.48 | 38.63 | 22.30 | 5.19 | 9.13 | 74.00 |
| | 2-539 | 钢管电缆保护管敷设，管径 32 mm 以下 | 10 m | 5.20 | 632.44 | 3 288.69 | 386.28 | 103.01 | 51.88 | 91.27 | 74.00 |
| | | SC32 | m | 52.00 | 12.00 | 624.00 | | 12.00 | | | |
| 12 | 030408003002 | 电缆保护管埋设 SC80 | m | 58.00 | 106.24 | 6 161.92 | 38.63 | 53.30 | 5.19 | 9.13 | 74.00 |
| | 2-539 | 钢管电缆保护管敷设，管径 80 mm 以下 | 10 m | 5.80 | 632.44 | 3 668.15 | 386.28 | 103.01 | 51.88 | 91.27 | 74.00 |
| | | SC80 | m | 58.00 | 43.00 | 2 494.00 | | 43.00 | | | |

**表 2-10-5 分部分项工程量清单与计价表**

| 序号 | 项目编码 | 项目名称 | 计量单位 | 工程数量 | 金额(元) | |
|---|---|---|---|---|---|---|
| | | | | | 综合单价 | 合价 |
| 1 | 030412001001 | 庭院灯 | 套 | 37.00 | 348.05 | 12 877.85 |
| 2 | 030412001002 | 草坪灯 | 套 | 7.00 | 109.73 | 768.11 |
| 3 | 030412001003 | 埋地射灯 | 套 | 8.00 | 26.51 | 212.08 |
| 4 | 030412001004 | 亭柱上壁灯 | 套 | 16.00 | 24.97 | 399.52 |
| 5 | 040801010001 | 室外照明配电箱 | 台 | 3.00 | 509.21 | 1 527.63 |
| 6 | 060104005001 | 电缆沟挖填土 | 敌 | 375.82 | 33.72 | 12 672.65 |
| 7 | 030408001001 | 电缆埋地敷设 YJV22-4×4 | m | 18.00 | 22.05 | 396.90 |
| 8 | 030408001002 | 电缆埋地敷设 YJV22-3×4 | m | 877.00 | 7.04 | 6 174.08 |
| 9 | 030408005001 | 电缆沟铺沙盖砖 | m | 725.00 | 11.14 | 8 076.50 |
| 10 | 030408001003 | 电缆穿管敷设 YJV22-3×4 | m | 110.00 | 5.81 | 639.10 |
| 11 | 030408003001 | 电缆保护管埋设 SC32 | m | 52.00 | 75.24 | 3 912.48 |
| 12 | 030408003002 | 电缆保护管埋设 SC80 | m | 58.00 | 106.24 | 6 161.92 |
| 本页小计 | | | | | | 53 818.82 |
| 合计 | | | | | | 53 818.82 |

**表 2-10-6 总价措施项目清单与计价表**

| 序号 | 项目编码 | 项目名称 | 金额(元) |
|---|---|---|---|
| 1. 安全生产、文明施工费 | | | |
| 1 | 031302001001 | 安全生产、文明施工费 | 2 404.46 |
| 小计 | | | 2 404.46 |

表 2-10-7　材料、机械、设备增值税计算表

| 编码 | 名称及型号规格 | 单位 | 数量 | 除税系数（%） | 含税价格（元） | 含税价格合计（元） | 除税价格（元） | 除税价格合计（元） | 进项税额合计（元） | 销项税额合计（元） |
|---|---|---|---|---|---|---|---|---|---|---|
| 材料 | | | | | | | | | | |
| AC1-0024 | 镀锌扁钢 －25×4 | kg | 4.50 | 14.25 | 5.40 | 24.3 | 4.63 | 20.84 | 3.46 | 2.29 |
| AC10-3207 | 镀锌锁紧螺母 1.5×(15～20) | 个 | 16.48 | 14.25 | 0.38 | 6.26 | 0.33 | 5.37 | 0.89 | 0.59 |
| BB1-0047 | 水泥 32.5 | kg | 34.65 | 14.25 | 0.36 | 12.47 | 0.31 | 10.69 | 1.78 | 1.18 |
| BC10-0008 | 砂子 | $m^3$ | 71.02 | 2.86 | 34.00 | 2 414.68 | 33.03 | 2 345.62 | 69.06 | 258.02 |
| BD1-1001 | 标准砖 240×115×53 | 千块 | 6.28 | 14.25 | 380.00 | 2 385.83 | 325.85 | 2 045.85 | 339.98 | 225.04 |
| BK5-0027 | 塑料带 20 mm×40 m | 卷 | | 14.25 | 4.00 | | 0.00 | | | |
| BK5-0035 | 塑料护口(电线管用) 32 | 个 | 16.48 | 14.25 | 0.25 | 4.12 | 0.21 | 3.53 | 0.59 | 0.39 |
| BK5-0058 | 塑料手套 ST 型 | 个 | | 14.25 | 4.00 | | 0.00 | | | |
| BK5-0067 | 塑料胀管 ϕ6～8 | 个 | 67.36 | 14.25 | 0.10 | 6.74 | 0.09 | 5.78 | 0.96 | 0.64 |
| BK5-0094 | 绑扎线 ϕ1.0 | m | 50.25 | 14.25 | 2.10 | 105.53 | 1.80 | 90.49 | 15.04 | 9.95 |
| CA1-0004 | 电焊条 结 422 ϕ3.2 | kg | 3.75 | 14.25 | 4.85 | 18.19 | 4.16 | 15.60 | 2.59 | 1.72 |
| CSCLF | 措施费中的材料费 | 元 | | 6.00 | 1.00 | | 0.00 | | | |
| CZ1-0011 | 焊锡丝 | kg | 0.45 | 14.25 | 55.00 | 24.75 | 47.16 | 21.22 | 3.53 | 2.33 |
| DC1C0001 | 酚醛磁漆(各种颜色) | kg | 0.06 | 14.25 | 16.50 | 0.99 | 14.17 | 0.85 | 0.14 | 0.09 |
| DD1-0006 | 沥青清漆 | kg | 17.60 | 14.25 | 7.10 | 124.96 | 6.09 | 107.15 | 17.81 | 11.79 |
| DQ061 | 汽油 | kg | 5.50 | 14.25 | 8.30 | 45.65 | 7.12 | 39.14 | 6.51 | 4.31 |
| DQ1C0005 | 调和漆 | kg | 0.15 | 14.25 | 10.50 | 1.58 | 9.07 | 1.36 | 0.22 | 0.15 |
| DR1-0014 | 滑石粉 | kg | 1.86 | 14.25 | 0.50 | 0.93 | 0.43 | 0.80 | 0.13 | 0.09 |

续表 2-10-7

| 编码 | 名称及型号规格 | 单位 | 数量 | 除税系数（%） | 含税价格（元） | 含税价格合计（元） | 除税价格（元） | 除税价格合计（元） | 进项税额合计（元） | 销项税额合计（元） |
|---|---|---|---|---|---|---|---|---|---|---|
| EA1-0070 | 电力复合脂 一级 | kg | 0.15 | 14.25 | 252.00 | 37.8 | 216.07 | 32.41 | 5.39 | 3.57 |
| EB1-0031 | 凡士林 | kg | 0.75 | 14.25 | 9.50 | 7.16 | 8.15 | 6.14 | 1.02 | 0.68 |
| EB1-0109 | 氧气 | $m^3$ | 16.72 | 14.25 | 4.67 | 78.08 | 4.00 | 66.95 | 11.13 | 7.36 |
| FG1-0002 | 塑料软管 | kg | 0.90 | 14.25 | 13.70 | 12.33 | 11.74 | 10.57 | 1.76 | 1.16 |
| IA1-0142 | 镀锌精制带帽螺栓 M10×100 以内 2 平 1 弹垫 | 10 套 | 1.83 | 14.25 | 8.00 | 14.64 | 6.86 | 12.55 | 2.09 | 1.38 |
| IA1-0144 | 镀锌精制带帽螺栓 M12×100 以内 2 平 1 弹垫 | 10 套 | 9.02 | 14.25 | 13.00 | 117.26 | 11.15 | 100.55 | 16.71 | 11.06 |
| IA2-0080 | 木螺钉 ϕ(2～4)×(6～65) | 10 个 | 13.31 | 14.25 | 0.20 | 2.66 | 0.17 | 2.28 | 0.38 | 0.25 |
| ID1-3003 | 冲击钻头 ϕ6～12 | 个 | 0.45 | 14.25 | 4.90 | 2.2 | 4.22 | 1.89 | 0.31 | 0.21 |
| IE2-0043 | 铁砂布 0＃～2＃ | 张 | 3.00 | 14.25 | 0.90 | 2.7 | 0.77 | 2.32 | 0.38 | 0.26 |
| IF2-2007 | 镀锌铁丝 8＃～12＃ | kg | 17.63 | 14.25 | 6.00 | 105.77 | 5.15 | 90.70 | 15.07 | 9.98 |
| QD9-0066 | 钢板垫板 | kg | 0.90 | 14.25 | 3.14 | 2.83 | 2.70 | 2.43 | 0.40 | 0.27 |
| RA1E3108 | 塑料绝缘导线 BV-2.5 $mm^2$ | m | 7.32 | 14.25 | 1.95 | 14.27 | 1.67 | 12.24 | 2.03 | 1.35 |
| RA1U3032 | 橡皮绝缘线 BX-4 $mm^2$ | m | 28.50 | 14.25 | 3.63 | 103.47 | 3.11 | 88.73 | 14.74 | 9.76 |
| RF1P0013 | 铜接线端子 DT-6 $mm^2$ | 个 | | 14.25 | 0.99 | | 0.00 | | | |
| SC1-0488 | 地脚螺栓 M12×160 以下 | 套 | 179.52 | 14.25 | 2.70 | 484.7 | 2.32 | 415.63 | 69.07 | 45.72 |
| SG1-0007 | 瓷接头 1-3 回路 | 个 | 38.11 | 14.25 | 0.63 | 24.01 | 0.54 | 20.59 | 3.42 | 2.26 |
| SG1-0008 | 瓷接头（双） | 个 | 45.32 | 14.25 | 0.63 | 28.55 | 0.54 | 24.48 | 4.07 | 2.69 |

续表 2-10-7

| 编码 | 名称及型号规格 | 单位 | 数量 | 除税系数（%） | 含税价格（元） | 含税价格合计（元） | 除税价格（元） | 除税价格合计（元） | 进项税额合计（元） | 销项税额合计（元） |
|---|---|---|---|---|---|---|---|---|---|---|
| SG1-0070 | 镀锌管卡子 ϕ100～150 | 个 | 44.88 | 14.25 | 6.80 | 305.18 | 5.83 | 261.69 | 43.49 | 28.79 |
| SG1-0082 | 标志牌　塑料扁形 | 个 | 60.30 | 14.25 | 10.88 | 656.06 | 9.33 | 562.57 | 93.49 | 61.88 |
| SG1-0094 | 塑料胶黏带 20 mm×50 m | 卷 | | 14.25 | 7.48 | | 0.00 | | | |
| SG2-2001 | 圆木台 150～250 | 块 | 16.80 | 14.25 | 5.44 | 91.39 | 4.66 | 78.37 | 13.02 | 8.62 |
| SZ1-0021 | 飞保险(羊角熔断器) 5A | 个 | 7.21 | 14.25 | 2.72 | 19.61 | 2.33 | 16.82 | 2.79 | 1.85 |
| ZE1-0047 | 破布 | kg | 13.53 | 14.25 | 3.02 | 40.85 | 2.59 | 35.03 | 5.82 | 3.85 |
| ZE1-0067 | 尼龙扎带 | 根 | 24.12 | 14.25 | 0.70 | 16.88 | 0.60 | 14.47 | 2.41 | 1.59 |
| ZE1-0497 | 乙炔气 | kg | 3.85 | 14.25 | 30.00 | 115.5 | 25.72 | 99.04 | 16.46 | 10.89 |
| ZE1-0571 | 自黏性橡胶带 20 mm×5 m | 卷 | 0.60 | 14.25 | 3.50 | 2.1 | 3.00 | 1.80 | 0.30 | 0.20 |
| ZE3-1111 | 钢套管 | kg | 35.20 | 14.25 | 5.78 | 203.46 | 4.96 | 174.47 | 28.99 | 19.19 |
| ZF2-0004 | 混凝土标桩 100×100×1 200 | 个 | 29.29 | 14.25 | 3.52 | 103.1 | 3.02 | 88.41 | 14.69 | 9.73 |
| ZG1-0001 | 其他材料费 | 元 | 22.65 | | 1.00 | 22.65 | 1.00 | 22.65 | | 2.49 |
| | YJV22-3×4 | m | 987.00 | 14.25 | 0.14 | 138.18 | 0.12 | 118.49 | 19.69 | 13.03 |
| | SC32 | m | 52.00 | 14.25 | 12.00 | 624 | 10.29 | 535.08 | 88.92 | 58.86 |
| | SC80 | m | 58.00 | 14.25 | 43.00 | 2 494 | 36.87 | 2 138.60 | 355.40 | 235.25 |
| | YJV22-4×4 | m | 18.00 | 14.25 | 0.18 | 3.24 | 0.15 | 2.78 | 0.46 | 0.31 |
| 10 | 电缆 YJV22-4×4 | 100 m | 16.20 | 14.25 | 18.00 | 291.6 | 15.44 | 250.05 | 41.55 | 27.51 |
| 11 | YJV22-3×4 | 100 m | 76.91 | 14.25 | 14.00 | 1 076.78 | 12.01 | 923.34 | 153.44 | 101.57 |
| OP1W0220 | 塑料雨罩 YS | 个 | | 14.25 | | | 0.00 | | | |

续表 2-10-7

| 编码 | 名称及型号规格 | 单位 | 数量 | 除税系数（%） | 含税价格（元） | 含税价格合计（元） | 除税价格（元） | 除税价格合计（元） | 进项税额合计（元） | 销项税额合计（元） |
|---|---|---|---|---|---|---|---|---|---|---|
| W＃100291 | 埋地灯 | 套 | 8.08 | 14.25 | | | 0.00 | | | |
| 小计 | | | | | | 12 419.99 | | 10 928.32 | 1 491.67 | 1 202.15 |
| 机械 | | | | | | | | | | |
| CSJXF | 措施费中的机械费 | 元 | | 4.000 0 | 1.00 | | 0.00 | | | |
| JX001 | 折旧费(机械台班) | 元 | 948.70 | 14.530 0 | 1.00 | 948.7 | 0.854 7 | 810.85 | 137.85 | 89.19 |
| JX002 | 大修理费(机械台班) | 元 | 279.97 | 14.530 0 | 1.00 | 279.97 | 0.854 7 | 239.29 | 40.68 | 26.32 |
| JX003 | 经常修理费(机械台班) | 元 | 607.17 | 10.170 0 | 1.00 | 607.17 | 0.898 3 | 545.42 | 61.75 | 60.00 |
| JX004 | 安拆费及场外运费(机械台班) | 元 | 23.62 | | 1.00 | 23.62 | 1.00 | 23.62 | | 2.60 |
| JX005 | 人工(机械台班) | 工日 | 14.19 | | 60.00 | 851.52 | 60.00 | 851.52 | | 93.67 |
| JX007 | 柴油(机械台班) | kg | 169.10 | 14.250 0 | 9.80 | 1 657.15 | 8.40 | 1 421.01 | 236.14 | 156.31 |
| JX009 | 电(机械台班) | kW·h | 216.97 | 14.250 0 | 1.00 | 216.97 | 0.86 | 186.05 | 30.92 | 20.47 |
| JX013 | 人工费(机械台班) | 元 | 295.15 | | 1.00 | 295.15 | 1.00 | 295.15 | | 32.47 |
| JX014 | 其他费用(机械台班) | 元 | 103.40 | | 1.00 | 103.4 | 1.00 | 103.40 | | 11.37 |
| 小计 | | | | | | 4 983.65 | | 4 476.28 | 507.37 | 492.40 |
| 合计 | | | | | | 17 403.64 | — | 15 404.60 | 1 999.04 | 1 694.55 |

**表 2-10-8 单位工程费汇总表**

| 序号 | 名称 | 计算基数 | 费率(%) | 金额(元) | 名目(元) | | |
|---|---|---|---|---|---|---|---|
| | | | | | 人工费 | 材料费 | 机械费 |
| 1 | 分部分项工程量清单计价合计 | — | — | 53 818.82 | 29 316.24 | 12 427.97 | 4 985.73 |
| 2 | 措施项目清单计价合计 | — | — | | | | |
| 2.1 | 单价措施项目工程量清单计价合计 | — | — | | | | |
| 2.2 | 其他总价措施项目清单计价合计 | — | — | | | | |
| 3 | 其他项目清单计价合计 | — | — | | — | — | — |
| 4 | 规费 | — | — | 6 668.29 | — | — | — |
| 5 | 安全生产、文明施工费 | — | — | 2 404.46 | — | — | — |
| 6 | 税前工程造价 | — | — | 6 2891.57 | | | |
| 6.1 | 其中:进项税额 | — | — | 2 177.47 | — | — | — |
| 7 | 销项税额 | — | 11.000 | 6 678.55 | — | — | — |
| 8 | 增值税应纳税额 | — | — | 4 501.08 | — | — | — |
| 9 | 附加税费 | — | 13.500 | 607.65 | — | — | — |
| 10 | 税金 | — | — | 5 108.73 | — | — | — |
| 合计 | | | | 68 000.3 | 29 316.24 | 12 427.97 | 4 985.73 |

# 项目三　编制技术标

## 任务 11　施工组织设计

### 一、工程内容概况

1. 工程基本概况
2. 工程内容
3. 工程要求
4. 现场条件
5. 本工程的基本目标
6. 施工特点

### 二、工程的重点、难点分析及对策

1. 工程任务、工期
2. 庭院工程及应对措施
3. 工程所需苗源及应对措施
4. 苗木种植及应对措施
5. 机械设备的需求、调配措施
6. 交叉施工及应对措施

### 三、施工组织管理

1. 组织机构的设立
2. 设置六个办事机构
3. 项目部人员配备
4. 会议制度

## 四、各分部分项工程的主要施工方法

1. 工程测量施工方法
2. 地形调整工程的施工方法
3. 绿化种植工程的施工方法
4. 庭院工程的施工方法
5. 给排水工程的施工方法
6. 电气工程的施工方法
7. 景观水池工程
8. 木平台施工工艺
9. 廊架工程施工方案

## 五、工程投入的施工机械设备情况、主要施工机械进场计划

1. 施工机械准备
2. 施工机械的管理权限
3. 施工机械投入计划

## 六、劳动力安排计划

1. 劳动力安排
2. 劳动力计划
3. 劳动力组织和管理的关键环节
4. 劳动力的管理及保证措施

## 七、工程质量的技术组织措施

1. 质量目标
2. 建立健全的质量保证体系
3. 施工准备过程中的质量保证措
4. 施工过程中质量保证措施
5. 草坪铺设的质量保证措施

## 八、安全生产的技术组织措施

1. 安全生产管理目标
2. 安全保证体系
3. 加强宣传、教育、进行岗前培训制度

4.安全生产管理措施
5.安全生产会议制度
6.施工现场安全技术措施
7.施工现场安全防护措施
8.交叉作业的防护措施
9.临时用电安全措施
10.料具存放安全措施
11.施工机械安全措施
12.消防安全措施
13.治安保卫措施

## 九、文明施工的技术组织措施

1.文明施工的目标和现场管理原则
2.现场场容管理措施
3.文明施工管理机构及运行程序
4.施工人员着装形象
5.现场机械管理措施
6.施工现场文明施工措施
7.现场生活卫生管理措施
8.防止扰民和民扰措施
9.材料管理措施

## 十、工期的技术组织措施

1.工期目标
2.施工进度计划
3.工期目标实现的可行性分析
4.保证施工进度的措施

## 十一、工程范围施工总平面布置

1.施工现场现状及存在问题
2.施工总平面布置原则及依据

## 十二、成品半成品保证措施

1.庭院工程保护措施
2.绿化栽植工程保护措施

3. 绿化养护工程保护措施
4. 竣工后期养护-保护服务措施

## 十三、保证设计效果的控制措施

1. 达到效果的方针和目标
2. 施工准备阶段的控制措施
3. 施工过程中的措施
4. 养护阶段的控制措施

## 十四、与各方的配合与协调

1. 与建设单位的配合与协调
2. 与设计单位的配合与协调
3. 与监理单位的协调与配合
4. 与其他部门的协调与配合

## 十五、项目突发性事故的应急措施

## 十六、竣工移交及售后服务

1. 竣工验收的程序
2. 交付验收前的准备工作
3. 预查、预验收、正式验收
4. 竣工服务承诺
5. 工程回访制度

## 十七、园林绿化工程质量通病防治措施

1. 绿化部分
2. 工程施工部分

## 十八、临时用电用水专项方案

1. 临时用电安全措施
2. 临时用水安全措施

## 十九、主材供应计划

1. 施工现场材料需要量计划
2. 施工现场材料管理制度
3. 材料在施工中的管理
4. 材料供应保证措施

# 项目四　开标、评标、定标

## 任务12　开标

### 一、开标会议的程序

1.招标人签收投标人递交的投标文件

2.出席开标会的投标人代表签到

投标人代表填写开标会签到表，招标人专人负责核对签到人身份。

3.开标会主持人宣布开标会开始

主持人宣布开标人、唱标人、记录人和监督人员。

主持人一般为招标人代表或代理机构代表；

开标人一般为招标人或代理机构的工作人员；

唱标人可以是投标人代表或代理机构或招标的工作人员；

记录人由招标人指派；

招标办监管人员进行监督；

记录人按开标会议的要求开始记录。

4.主持人介绍主要与会人员

主要与会人员包括到会的招标人代表、招标代理机构代表、各投标人代表、公证机构公证人员、见证人员、监督人员等。

5.开标会纪律

主持人宣布开标程序、纪律、当场作废的条件。

6.核对投标人授权代表的相关资料

7.主持人宣布投标文件截止和实际送达时间，宣布各投标人实际送达时间

在截止时间后送达的当场宣布废标。

8.招标人、投标人代表共同检查各投标书的密封情况

9.主持人宣布开标和唱标次序

一般按标书送达时间逆顺序开标、唱标。

10.唱标人依唱标顺序依次开标并唱标

11. 开标会记录签字

12. 公布标底

唱标人公布标底。

13. 送评标封闭区封存

14. 主持人宣布开标会议结束

## 二、有关无效投标文件的规定

1. 未按要求密封

2. 未加盖企业及企业代表印章，或委托人没有合法、有效的委托书（原件）及委托代理人印章

3. 投标文件，字迹模糊、无法辨认

4. 未提供投标保函或投标保证金

5. 组成联合体投标的，未附联合体各方共同投标协议

6. 标书逾期送达

7. 投标单位未参加开标会议

# 任务 13　评标、定标

## 一、评标程序

1. 评标委员会成员签到，并签署“评标专家承诺书”

2. 评标委员会成员推举评标委员会主任

评标委员会首先应以投票方式推举一名评标委员会主任，评标委员会主任负责评标活动的组织工作。

3. 评标委员会成员熟悉相关文件资料

评标委员会主任应组织评标委员会成员认真研究招标文件，了解和熟悉招标的目的、招标范围、主要合同条件、招标项目的技术标准和工期要求等内容，掌握评价标准和方法，熟悉本规则及招标文件中评标表格的使用。如果招标文件所附表格不能满足评标需要，评标委员会应补充报告编制所需的表格。

评标委员会成员应当按照相关法律法规的规定，按照招标文件规定的评标标准和方法，客观、公正地对投标文件提出评审意见。招标文件没有规定的评标标准和方法不得作为评标的依据。

招标人或招标代理机构应向评标委员会提供评标所需的信息和数据，包括招标文件、开标会议记录和评标委员会认为必要的信息和数据。

4. 评标委员会对投标单位进行资格审查

5. 评标委员会对所有通过资格审查的投标文件进行初步审查
6. 评标委员会根据招标文件，对通过初步评审的投标文件进行技术部分评审
7. 评标委员会根据招标文件，对通过技术评审的投标文件进行商务部分评审
8. 评标委员会根据评审最终结果推荐中标候选人或确定中标人
9. 评标委员会整理评审结果、编制评标报告，全体成员签字确认后递交招标人
10. 评标结束

## 二、评标方法

评标方法由 1 种经评审的最低投标价法和 2 种综合评估法组成。

招标人根据工程项目实际需要，选择其中 1 种评标方法。经评审的最低投标价法适用于具有通用技术、性能标准或者招标人员对其技术、性能标准没有特殊要求的招标项目。综合评估法适用于不宜采用经评审的最低投标价法的其他项目。

### (一)经评审的最低投标价法

1. 技术部分评审

技术部分评审为通过式评审，被评标委员会认定不合格的投标文件不再进入商务标评审。

2. 商务部分评审

对投标人的经校核的投标报价汇总比较，并由低到高进行排序。

确定评标控制线。分部分项综合单价和措施项目报价分别以其平均值(有效投标超过 7 家去掉一个最高和一个最低价平均)的(96%～98%由招标人自行确定)作为评标控制线。

投标人分部分项报价中，报价超过评标控制线 200%且经评标委员会评审确定为不平衡报价的分部分项价格之和达到自己投标总报价的——(3%～6%由招标人自行确定)的，应否决其投标。

评标委员会根据排序审核投标人总报价，否决投标总报价被认定为低于成本的投标文件。

3. 推荐中标候选人或确定中标人

评标委员会应当确定通过商务部分评审，且信用综合评价得分不低于 35 分、投标总报价最低的投标人为中标候选人。

### (二)抽取系数为评分基准价的方法

1. 分值构成

总分值按 $p=k1p1+k2p2+k3p3$ 公式计算。

其中：p 为总得分；p1 为技术部分得分(满分 100 分)，p2 为商务部分得分(满分 100 分)，p3 为信用综合评价部分得分(投标截至当日从河北建设工程信息网中查询的得分/120×100)，k1、k2、k3 为对应的权重。$k1+k2+k3=100\%$，$0<k1\leqslant 20\%$，$k2\geqslant 70\%$，$k3=10\%$。

2. 评分计算要求

在投标文件拆封前由招标人通过系统随机抽取商务部分评分基准价的系数 C，从 95%～99%中抽取任一整数值。

评分计算保留 2 位小数(百分比亦取 2 位小数)，第三位小数四舍五入。

评分计算出现中间值，按插入法计算得分。

有下列情况之一为无效分，该单项评分视为弃权。

计分高出规定最高分或最低分的；计分明显不合理的；一个计分内容有 2 个或 2 个以上计分的；其他违反本方法未按规定要求计分的。

3. 技术部分评审

评标委员会根据招标文件中的要求及投标人递交的投标文件对技术部分进行评审。技术部分评审分为基本内容评审和附加内容评审，先进行基本内容评审，得标准分的投标人再进入附加内容评审。

通过阅审，根据具体的评审内容对各子项进行评审，评委通过对各子项的评审综合考虑做出最终技术部分基本内容是否通过的结论，基本内容不通过须写明评审理由。

评审内容分基本内容（表 4-13-1）与附加内容（表 4-13-2），两项合计 100 分。招标人可自行选择是否有附加内容。

基本内容的评审，不设打分区间，评审结论为通过即得标准分，不通过则不再进入后续评审。辅助评标系统按少数服从多数的原则得出最终评审结论。未按本规则评审，则评审无效。招标人可根据项目需要，调整评审内容。

附加内容中的类似项目规模、类型、技术难度等方面明确范围。需要查验投标人业绩的，以合同（应为已竣工且在住房和城乡建设行政主管部门备案的合同）及竣工验收报告为准。

**表 4-13-1 基本内容**

| 序号 | 评审内容 | 评审标准 | 评审理由 |
|---|---|---|---|
| 1 | 施工部署及现场平面布置 | 满足要求 | |
| | | 不满足要求 | |
| 2 | 施工方法及主要技术措施 | 满足要求 | |
| | | 不满足要求 | |
| 3 | 工程质量保证措施 | 满足要求 | |
| | | 不满足要求 | |
| 4 | 安全生产及文明施工措施 | 满足要求 | |
| | | 不满足要求 | |
| 5 | 施工进度计划及保证措施 | 满足要求 | |
| | | 不满足要求 | |
| 6 | 项目班子组成、资历情况 | 满足要求 | |
| | | 不满足要求 | |
| 7 | 主要施工机具、劳动力使用计划 | 满足要求 | |
| | | 不满足要求 | |
| 基本内容评审结论 | | 通过（得标准分 95～100 分） | |
| | | 不通过 | |

表 4-13-2 附加内容

| 序号 | | | |
|---|---|---|---|
| 1 | 投标人具有一项类似项目 | | |
| 2 | 拟投入本项目项目经理具有一项类似项目 | | |

4. 商务部分评审

商务部分的得分权重占总得分的权重为＿＿＿＿＿。

(1)对通过技术部分评审的投标文件进行商务部分评审，程序如下：

确定评标控制线。分部分项综合单价和措施项目报价分别以其平均值(有效投标超过7家去掉一个最高和一个最低价平均)的(96%～98%由投标人自行确定)作为评标控制线。

投标人分部分项报价中，报价超过评标控制线200%且经评标委员会评审确定为不平均报价的＿＿＿＿＿(3%～6%由招标人自行确定)的，应否决其投标。

确定分部分项、措施项目及总报价的评分基准价。

计算各投标人商务部分得分。

(2)评分内容

商务部分评分包括总报价、分部分项报价、措施项目报价三部分。

总报价分值权重占商务标分值的＿＿＿＿＿(不得高于40%)，分部分项清单报价分值权重占商务标分值的＿＿＿＿＿(不得低于50%)，措施项目清单报价分值权重占商务标分值的＿＿＿＿＿(5%～10%)。

总报价、分部分项清单报价和措施项目清单报价分别按百分制进行评分。

商务标得分＝总报价得分×权重＋分部分项清单报价得分×权重＋措施项目清单报价得分×权重

(3)评分程序和评分标准

分部分项清单报价评分(标准分100分)：

各分部分项分值按照该分部分项合价的平均值(进入商务部分评审的投标人家数为$N$，$0<N\leqslant7$时，报价全部参与计算；$7<N\leqslant13$时，去掉一个最高报价和一个最低报价计算；$13<N\leqslant20$时，去掉两个最高报价和两个最低报价计算平均值；$N>20$时，去掉3个最高报价和3个最低报价计算平均值)占全部分部分项合价平均值和的比重进行分配，分值为该项标准分。

综合单价填报0、未填报的分部分项报价得0分。

进入商务部分评审的投标人家数为$N$，$0<N\leqslant7$时，分部分项单价的算术平均值乘以C为评分基准价；$7<N\leqslant13$时，分部分项单价去掉一个最高报价和最低报价后的算数平均值乘以C为评分基准价；$13<N\leqslant20$时，分部分项单价去掉两个最高报价和两个最低报价后的算术平均值乘以C为评分基准价；$N>20$时，分部分项单价去掉3个最高报价和3个最低报价后的算术平均值乘以C为评分基准价。

当分部分项价格等于评分基准价时得该分部分项标准分，其他投标人填报的分项综合单价每高出评分基准价1%，减该项标准分(2%～4%由招标人自行确定)的分值，减完为止；每低于评分基准价1%，减该项标准分＿＿＿＿＿(1%～3%由招标人自行确定)的分值，减完为止。

措施项目清单报价评分(标准分100分)：

进入商务部分评审的投标人家数为 $N$，$0<N\leqslant 7$ 时，措施项目报价的算术平均值乘以一个最低报价后的算术平均值乘以C为评分基准价；$7<N\leqslant 13$ 时，措施项目报价去掉一个最高报价和一个最低报价后的算术平均值乘以C为评分基准价；$13<N\leqslant 20$ 时，项目措施报价去掉两个最高报价和两个最低报价后的算术平均值乘以C为评分基准价；$N>20$ 时，措施项目报价去掉3个最高报价和3个最低报价后的算数平均值乘以C为评分基准价。

当措施项目报价等于评分基准价时得标准分，其他投标人填报的措施项目报价没高出评分基准价1%，减该项标准分__________（2%～4%由招标人自行确定）的分值，减完为止；每低于评分基准价1%，减该项标准分__________（3%～5%由招标人自行确定）的分值，减完为止。

投标总报价评分(标准分100分)：

进入商务部分评审的投标人家数为 $N$，$0<N\leqslant 7$ 时，总报价的算术平均值乘以C为评分基准价；$7<N\leqslant 13$ 时，去掉一个最高总价和一个最低总价后的算数平均值乘以C为评分基准价；$13<N\leqslant 20$ 时，去掉两个最高总价和两个最低总价后的算术平均值乘以C为评分基准价；$N>20$ 时，去掉3个最高总价和3个最低总价后的算数平均值乘以C为评分基准价。

当总报价等于评分基准价1%时得标准分，其他投标人填报的投标总报价每高出评分基准价1%，减该项平均分__________分(2～4分由招标人自行确定，)减完为止；每低于评分基准价1%，减该项平均分__________分(1～3分由招标人自行确定)，减完为止。

投标人信用综合评价得分：信用综合评价得分占总得分的权重为10%。

汇总评分结果并排序：评标委员会按照总得分从高到低顺序对投标人进行排序。

## 三、评标报告

评标委员会完成评标后，应当向招标人递交书面评标报告，并报送建设行政监督部门备案。评标报告应当由全体评标委员会成员签字，并如实记载以下内容：

1. 基本情况和数据表
2. 评标委员会成员名单
3. 开标记录
4. 符合要求的投标一览表
5. 否决投标的情况说明
6. 评标标准、评标方法或者评标因素一览表
7. 经评审的价格或者评分比较一览表
8. 经评审的投标人排序
9. 推荐的中标候选人名单与签订合同前要处理的事宜
10. 澄清、说明、补正事项纪要

## 四、定标

1. 中标候选人的确定

应推荐投标候选人1～3人，并标明排列顺序。

定标的原则应符合：

1)能够最大限度地满足招标文件规定的各项综合评价标准；

2)能够满足招标文件的实质性要求，并经评审投标报价最低；但投标低于成本的除外。

招标人应该在投标截止时限30日前确定中标人。

2.发出中标通知书并订立书面合同

(1)中标人确定后，招标人应当向中标人发出中标通知书，并把结果通知所有未中标人。

(2)招标人和中标人应当自中标通知书发出30日内，按照招标文件和中标人的投标文件订立书面合同。

(3)招标人与中标人签订合同后5日内，应当向所有中标人和未中标人退还投标保证金。

(4)中标人应当按照合同约定履行义务，完成项目。

# 项目五　签订施工合同

## 任务14　施工合同

根据《中华人民共和国合同法》《中华人民共和国建筑法》及有关法律规定，结合本工程实际施工情况，在乙方投标承诺满足本工程要求的前提下，本着平等、自愿、公平和诚实信用、互惠互利的原则，双方就工程施工及有关事项协商一致，共同达成如下协议：

### 一、工程项目概况

1. 项目名称
2. 工程地点
3. 工程计划批准单位及文号
4. 工程范围和内容

### 二、承包范围

乙方承包施工图内所有工程。

### 三、承包方式及工作内容

本工程采取包工包料的承包方式，包含材料采购、土建工程、安装工程、装修工程、绿化工程。

### 四、工程期限

1. 本工程合同总工期为_________天(日历天从开工之日算起)。

2. 本工程开工日期_________年_________月_________日，竣工日期_________年_________月_________日。

3. 如遇下列情况，经发包方现场监理工程师或工程师代表签证后，工期做相应顺延，并用书面形式确定顺延期限。

(1)发包方在合同规定开工日期前_________天，不能交承包方施工场地、进场道路、施工用水，或电源未按规定接通，影响承包方进场施工者。

(2)不属包干系数范围内的重大设计变更；提供的工程地质资料不准，使基础超深；施工方法与设计规定不符而增加工程量影响进度者。

(3)在施工中因停水、停电连续影响 8 h 以上者。

(4)发包方现场监理工程师或工程师代表无故拖延办理签证手续而影响下一工序施工者。

(5)未按合同规定拨付预付款、工程进度款、代购材料价差款而影响施工进度者。

(6)因遇人力不可抗拒的自然灾害(如台风、水灾、自然原因发生的火灾、地震等)而影响工程进度者。

## 五、质量标准

工程质量符合标准。

## 六、工程合同总价

1.本工程合同总价为

人民币(大写)　　　　　　　　　　　(￥　　　　　　)。

2.合同价格的形式

3.如遇下列情况,合同总价做相应调整

(1)合同总价内经双方确认的暂估价变化;

(2)在合同工期内政策性调整所发生的材料差价、工资、费率及其他费用的变化;

(3)重大设计发生变更;

(4)基础超过设计深度;

(5)在施工中新增加了工程项目;

(6)其他。

## 七、材料、设备供应

1.本工程所需的全部建筑材料、构配件、设备等物资的供应方法

2.材料、设备供应范围的划分和检验

(1)本工程所需材料、设备除在"发包方供应的材料、设备明细表"明确由发包方供应外,其余材料均由承包方组织供应。

(2)所有材料设备、成品、半成品均应附有合格证,都要检查验收,签交物资验收合格单方可进场,已进场的物资未经发包方许可签署出场证书,不得运出场外。

(3)已进场的物资,若发现有不合格者,供料一方必须迅速将其运出场外。

(4)具有合格证书的建筑材料、设备,任何一方如有异议要求检验时,可以重新检验,检验后如属合格产品,其检验费用由要求检验的一方承担;如属不合格产品,检验费用由供料一方负担。

(5)没有合格证书,且未经试验鉴定或经过试验鉴定为不合格的建筑材料、设备、构配件等,双方均不得用于本工程。若属材料人员失职或其他原因造成不良后果,由责任一方负责。

(6)任何一方强迫对方使用不合格的建筑材料、设备和构配件于本工程的,都要签证记录在案,由此引起的一切后果由强迫一方负责。

3.材料价差及实物价格的结算

(1)发包方提交的主要材料指标,由承包方采购供货的,应根据指标的性质、发生的政策性

调价等,以建筑安装材料预算价格为依据,逐项计算出原价价差或预算价差,均由发包方负责补差。此价差未包括在本合同承包造价之内的,不得列入工程直接费。

(2)发包方提供的主要材料实物,按发包方提供实物时建筑安装材料价格结算价款。

(3)除发包方供应的材料、设备外,发包方指定厂家、品种让承包方购买和供应其所指定的材料、设备的,其价款按实结算。

(4)发包方委托承包方代购的材料、设备,按双方商定的价格,由承包方收取代购款包干使用,发包方应于本合同签订后一天内一次付清。

(5)发包方提供的材料、设备的指标或实物,必须是本合同工程用的材料和设备,规格品种与实际需要不相符时,由承包方协助进行调剂串换使用,由发包方给付承包方劳务费__________元(或承包方不收取劳务费)。

(6)发包方供应的木材、成材指标或实物、硬杂木均按有关规定办理,其量差、价差由发包方承担。

## 八、工程质量和检查验收

1.承包方必须严格按施工图纸、说明文件和国家颁发的有关规范、规程进行施工,并接受发包方现场监理工程师或工程师代表的监督检查。

2.发包方聘用现场监理工程师或工程师代表,必须以书面通知承包方其姓名、身份、所承担的任务。

3.承包方确定施工现场负责人及技术负责人、专门技术人员及管理人员,必须以书面形式将其姓名、身份、所分担的工作通知监理工程师或工程师代表。

4.承包方应按工程进度,及时提供关于工程质量的技术资料,如材料、设备合格证、试验、试压、测试、报告等的影印件。材料代用必须经过设计单位和发包方同意并签证后,方可使用。

5.隐蔽工程由承包方自检后,填写《隐蔽工程验收单》通知现场监理工程师或工程师代表检查验收,监理工程师接到通知后________小时内应到现场检验,认可签证后,方可进行下一工序施工。监理工程师未接的检查验收,承包方经质量检查部门检验确认合格后,即可隐蔽继续施工,发包方应予以承认并办理检验合格手续。如提出异议,经复查合格者,其费用由发包方负责;不合格者,由承包方负责,因此而造成工期损失由责任方负责。

6.电气照明、通风、水暖、卫生工程和机电安装工程竣工后,必须按照有关规定进行技术检验。属于单体试车,由承包方负责进行。无论由谁负责试车,双方均应相互配合,共同进行。

试车中需要的动力、燃料、油料、材料、仪器、专用工具、技术劳务费用等,由发包方提供。其费用包括在定额内的,由承包方负担;定额中未包括的,由发包方负担。

7.种植工程

所栽苗木质量必须符合工程要求,不得擅自改变苗木品种、规格及质量,所有苗木必须经过甲方验收合格后方可栽植。

施工过程中,乙方必须服从甲方的监督检查和质量管理,如因质量问题造成返工,其费用由乙方全部负责。

乙方在施工中要精心组织,确保安全,如有事故发生,后果自负。

乙方要确保施工现场清洁,及时清理废弃物。

8.养护管理和质量要求

(1)大树及时支撑，支柱与树干相接部分应垫上防护物，以免磨伤树皮；

(2)栽植后及时封堰浇透水；

(3)及时中耕除草、施肥、修剪，确保苗木正常生长；

(4)苗木要及时防治病虫害；

(5)苗木管理期间，必须经常清理各种废弃物；

(6)乙方包栽包活，在栽植完工后，要养护苗木15个月，养护标准达到《城镇绿地园林养护标准(试行)》，其间发生的费用由乙方负担。

9.设备安装工程

由承包方会同发包方将已完工程(设备基础)向安装单位办理中间交工手续，并作为竣工验收的依据。

10.工程竣工验收

应以施工图纸、图说、技术交底纪要、设计更改通知、国家颁发的施工验收规范和质量检验标准为依据。

11.工程竣工后

承包方按规定整理提供完整的技术档案资料，并发出竣工通知书，经双方协商确定验收时间，由发包方组织有关单位进行竣工验收。

验收合格后，双方签署交工验收证书，并将工程移交给发包方管理，如发包方拖延接收，其保管费用和造成的损失由发包方承担。

交工验收中如发现有不符质量要求，需要返工的工程，应分清责任。属施工原因造成的，按双方验收时商定的时间，由承包方负责修好再进行检验。竣工日期以最后检验合格的日期为准。

12.已竣工未验收工程

在交工前由承包方负责保管，发包方不得动用，若发包方已经使用，即视同交验。由于承包方原因，应交工验收而不交不验的工程，除按拖延工期条款处理外，并赔偿因此而造成的经济损失。

13.工程交工验收后

保修期按国家关于保修期的有关规定处理。保修证书在交工验收后由承包方填写交给发包方。

由施工造成的工程质量问题，发包方应书面通知承包方并约定时间进行修理。在保修期内承包方拒不修理时，发包方可动用预留保修款请人修理，超支部分应由承包方负担。

## 九、施工设计变更

1.发包方交付的设计图纸、说明和有关技术资料，均为施工的有效依据，发包方、承包方均不得擅自修改。

2.施工图的重大修改变更，必须经原批准、设计单位同意，并于修改前________天办理设计修改议定单。设计修改议定单经发包方签证后，承包方才予实施。议定单和修改图纸发出份数与施工图份数相同，并作为合同的补充文件。

3.当修改图纸属于设计错误、设备变更、建筑面积(容积)增加、结构改变、标准过高、工艺变化、地质条件与设计不符实际时，其增加的费用(包括返工损失、停工、窝工、人员和机械设备

调迁，材料、构配件积压的实际损失）由责任方负责并调整合同造价

4.承包方在保证工程质量和不降低设计标准的前提下，提出修改设计的合理化建议，经发包方、设计单位或有关技术部门同意后实施，其节约的价值按国家有关规定分配

5.在工程施工中发生下列各项事实之一时，承包方必须立即以书面通知发包方，要求确认

(1)设计图纸和说明文件与工程现场状况不一致，如地质、地下水情况等，设计文件所标明的施工条件与实际不符；

(2)设计图纸和设计文件表示不明确或有错误及遗漏，图纸与说明书不符；

(3)设计图纸和说明文件中未标明的施工条件发生了预料不到的特殊困难等。

确认的事实必须在限期内解决。不能如期解决而造成停工的，工期损失由发包方承担。

## 十、双方负责事项

1.发包方

(1)办理土地征用、青苗、树木的赔偿，坟地迁移、房屋拆迁、障碍物的拆除（包括架空及隐蔽的），并提供有关隐蔽、障碍物资料；

(2)在开工前做好建筑红线以外的“三通”和红线以内的场地平整；按审定的施工组织设计或施工方案，提供在红线图以内距建筑物不大于________米的水、电源联结点，并装好水、电表，以便承包方按表计费；负责红线以外进场道路的维修；

(3)根据施工地区供水、供电、水压、电压情况，采取措施满足施工用水、用电的需要；

(4)按规定提供不少于承包合同建筑面积________%的施工用地，办理红线外的临时用地及临时占用道路、爆破及临时铁道专用线接岔许可证，并承担所发生的费用；

(5)合同签订后________天内（以收签最后一张图纸为准）向承包方提供完整的建筑安装施工技术资料________套；

(6)确定建筑物（或构筑物）道路、线路、上下水道的定位标桩、水准点和坐标控制点；

(7)组织承发包双方和设计单位参加的施工图纸交底，并做好三方签署的交底纪要，并在________天内分送有关单位；

(8)审核承包方工程进度月报，及时向承包方支付工程进度款；

(9)按《发包方供应的材料、设备明细表》确定的供应时间及时组织供应，应由发包方提供材料、设备以满足工程进度的需要；

(10)派驻施工现场的监理工程师或工程师代表，对工程进度、工程质量、隐蔽工程和合同执行进行监督检查，负责设计图纸问题的处理，设计变更的签证，工程中间的验收、工程进度拨款的签证和其他必须的签证；

(11)组织对工程的竣工验收，并按合同规定日期配合承包方办好决算工作，及时了结工程财务和工程尾款。

2.承包方

(1)施工场地的平整、施工界区以内的用水、用电、道路和临时设施的施工；

(2)编制施工组织设计（或施工方案），施工总进度计划，材料设备、成品、半成品等进场计划，用水、用电计划，开竣工通知书，隐蔽工程验收单等，并及时送发包方及有关单位；

(3)按双方商定的分工范围，做好材料和设备的采购、供应和管理；

(4)于每月底前________天向发包方报送月度施工计划，属发包方供应的材料、设备供应

计划和当月工程进度月报(包括工程量、工作量和形象进度等);

(5)严格按照施工图与说明书进行施工,确保工程质量,按合同规定的时间如期完工和交付;

(6)已完工的房屋、构筑物和安装的设备,在交工前应负责保管,并清理好场地;

(7)提供竣工验收技术资料,办理工程竣工结算,参加竣工验收;

(8)在合同规定的保修期内,对属于承包方负责的工作质量问题,负责无偿修理。

## 十一、工程价款的支付与结算

1.本合同签订后________日内,发包方支付不少于合同总价的(或当年投资的)______%的预付款,计人民币________万元。

2.发包方收到承包方工程进度月报后,必须在________日内按核实的工程进度支付工程进度款,工程进度款支付达到总合同总价的________%时,逐步按比例开始扣回预付款(或抵作工程进度款)。

3.工程进度款支付达到合同总价款的________%时,不再按进度付款。办完工程验收后________天内支付________%的价款,留________%的价款存入建设银行,待保修期满后连本息一次支付给承包方。

4.如发包方拖欠工程进度款或尾款,应按银行有关逾期付款办法或“工程价款结算办法”的有关规定处理。

5.确因发包方拖欠工程款、代购材料差款而影响工程进度,造成承包方的停、窝工损失的,应由发包方承担。

6.本工程造价结算方式按下列情况办理

(1)以审查后的施工图预算加变更签证进行结算;

(2)按施工图预算加包干系数确定的包干造价结算,包干范围以内的费用,按________等有关规定结算;

(3)按标准施工图单位造价包干结算,包干范围以外的费用按________等有关规定结算;

(4)包干不包料的工程,按预算定额规定的人工费和机械费及相应的管理费结算;

(5)招标工程按中标价款结算,中标范围以外的工程费用,另按________等有关规定结算。

7.承包方在单项工程竣工验收后________天内,将竣工结算文件送交发包方和经办银行审查,发包方在接到结算文件________天内审查完毕,如到期未提出异议,即由经办银行审定后拨款给承包方。

## 十二、违约责任与奖励规定

1.承包方的责任

(1)工程质量不符合合同规定的,负责无偿修理或返工。由于修理返工造成逾期交付的,按合同总价的________%偿付逾期违约金。

(2)工程交付时间不符合规定,按合同总价的________%偿付逾期违约金。

2.承包方的责任

(1)未能按照承包合同的规定履行自己应负的责任,除竣工日期得以顺延外,还应赔偿承包方因此发生的实际损失。

(2)工程中途停建、缓建或由于设计变更以及设计错误造成的停工，应采取措施弥补或减少损失，同时，赔偿承包方由此而造成的停工、窝工、返工、倒运、人员和机械设备调迁、材料和构件积压的实际损失。

(3)工程未经验收，发包方提前使用或擅自动用，由此而发生的质量或其他问题，由发包方承担责任。

(4)超过合同规定日期验收，按合同总价的________%偿付逾期违约金。

3. 发包方有提前工期要求的，可以实行提前竣工奖，按照合同工期，每提前一天由发包方按合同总价的________%奖给承包方。优良工程每平方米奖________元。

## 十三、争议的解决方式

合同执行过程中如发生争议，双方应及时协商解决。协商不成时，如双方属于同一部门时，由上级主管部门调解；调解不成，或双方不属于同一个部门的，任何一方均可向工商局经济合同仲裁委员会申请仲裁，也可直接向人民法院起诉。

## 十四、特殊条款

本合同条款如对特殊情况有未尽事宜，双方可根据具体情况结合有关规定议定特殊条款。

## 十五、附则

其他本合同未言明事项，一律按《中华人民共和国经济合同法》和《建筑安装工程承包合同条例》规定执行。

本合同经双方签字盖章后生效，至合同工程竣工交验，结清工程尾款，保修期满后自然失效。

本合同正本________份，其中发包方执________份，承包方执________份，副本________份，分别报送业务主管部门、工商行政管理局和建设银行备案。

发包方、承包方法定代表人签名、盖章、电话、地址等。

# 第二部分　定额与清单工程量计算案例详解

案例一　围墙

案例二　秋千

案例三　木花架

案例四　中心廊架

案例五　雕塑

案例六　指示牌

案例七　消防通道桥

案例八　景观亭

# 案例一　围墙

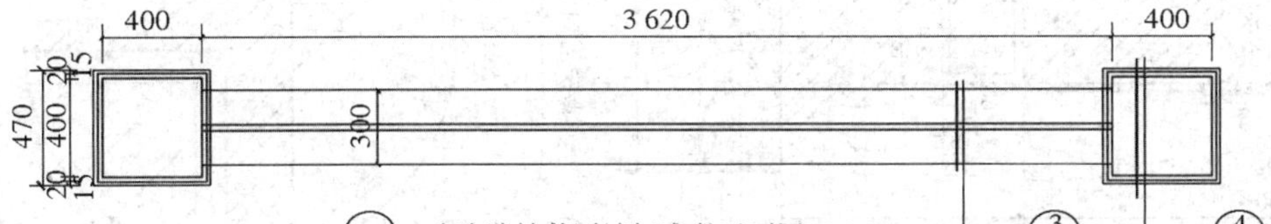


① 分院墙铁艺围墙标准段平面图 1∶20

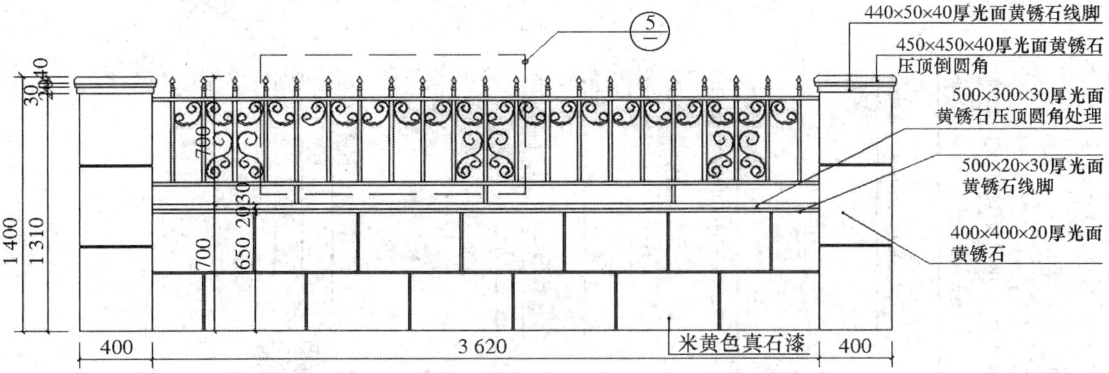


② 分院铁艺围墙标准段立面图 1∶20

围墙施工图（一）

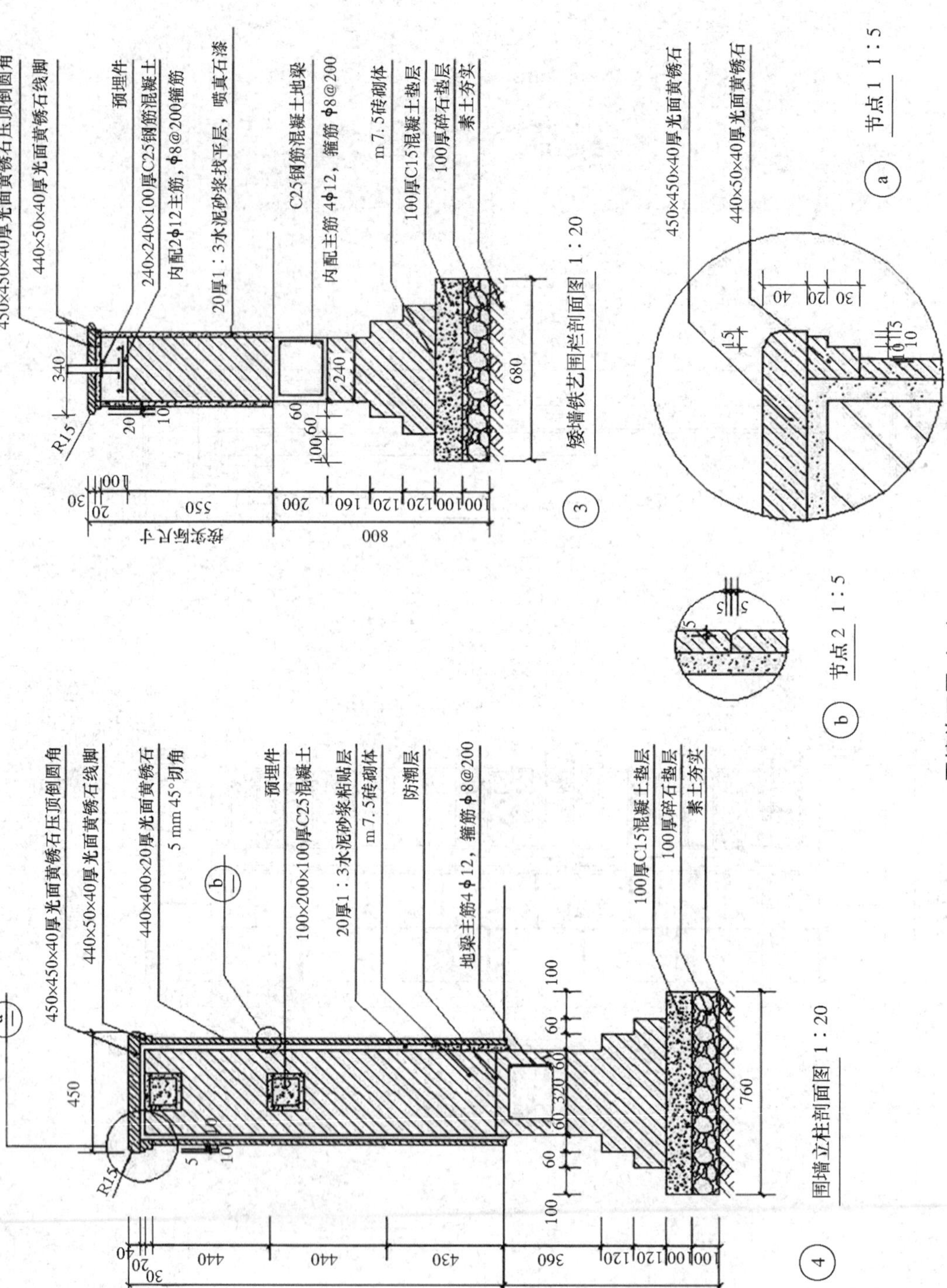
450×450×40厚光面黄锈石压顶倒圆角
440×50×40厚光面黄锈石线脚
预埋件
240×240×100厚C25钢筋混凝土
内配2φ12主筋，φ8@200箍筋
20厚1：3水泥砂浆找平层，喷真石漆
C25钢筋混凝土地梁
内配主筋4φ12，箍筋φ8@200
m7.5砖砌体
100厚C15混凝土垫层
100厚碎石垫层
素土夯实
按实际尺寸
③ 矮墙铁艺围栏剖面图 1：20
450×450×40厚光面黄锈石压顶倒圆角
440×50×40厚光面黄锈石线脚
440×400×20厚光面黄锈石
5 mm 45°切角
预埋件
100×200×100厚C25混凝土
20厚1：3水泥砂浆粘贴层
m7.5砖砌体
防潮层
地梁主筋4φ12，箍筋φ8@200
100厚C15混凝土垫层
100厚碎石垫层
素土夯实
④ 围墙立柱剖面图 1：20
b 节点2 1：5
450×450×40厚光面黄锈石
440×50×40厚光面黄锈石
a 节点1 1：5

围墙施工图（二）

1. 清单工程量

清单工程量计算表

| 项目编码 | 项目名称 | 项目特征描述 | 计量单位 | 工程量 |
|---|---|---|---|---|
| 010401003 | 围墙 | 1. 平整场地<br>2. 挖二类干土<br>3. 100 厚级配砂石垫层<br>4. 100 厚 C15 混凝土垫层<br>5. M5.0 水泥砂浆砖基础<br>6. C20 钢筋混凝土圈梁<br>7. 黄锈石压顶<br>8. 20 厚光面黄锈石<br>9. 铸铁铁花栏杆<br>10. 真石漆 | $m^3$ | 0.9 |

2. 定额工程量

(1)平整场地

围墙平整场地按中心线每边各增加 1 m 计算。(单独围墙项目不存在平整场地)

(2)人工挖沟槽一二类土,干土深度 2 m 以内

$$V_{基槽}(柱)=H(a+2c)L=0.8\times(0.76+2\times0.3)\times0.8=0.87\ (m^3)$$

$$V_{基槽}(墙)=H(a+2c)L=0.8\times(0.68+2\times0.3)\times4=4.096\ (m^3)$$

$$V_{基槽}(总)=0.87+4.096=4.966\ (m^3)$$

式中:$H$——槽深,室外地坪距垫层底的距离。

$a$——垫层宽。

$c$——工作面宽度。

$L$——槽长,根据槽中心线长度计算。

其中柱长 400 mm,墙长 4 m(估计的)。该土质为二类土,放坡起点为 1.2 m,故可不放坡。

(3)人工钎探

钎探工程量按槽底面积以 $m^2$ 计算。

$$S_{钎探}=(0.76+2\times0.3)\times0.8+(0.68+2\times0.3)\times4=6.208\ (敞)$$

(4)沟槽回填土(夯实)

$$V_{基础回填}=V_{基槽}-设计室外标高以下埋设的砌筑量$$

$$V_{基础回填}=4.966-[0.2\times0.76+0.12\times0.56+0.12\times0.44+0.36\times0.32]\times0.8-[0.2\times0.68+0.12\times0.48+0.12\times0.36+0.36\times0.24]\times4=3.366\ (m^3)$$

(5)人力车运土运距 50 m 以内

$$V_{外运}=V_{基槽}-V_{基础回填}=4.966-3.366=1.6\ (m^3)$$

(6)沟槽原土打夯

$$S_{打夯}=S_{钎探}=(0.76+2\times0.3)\times0.8+(0.68+2\times0.3)\times4=6.208\ (m^3)$$

原土打夯面积＝地基钎探面积

(7)人工级配砂石中砂碎石垫层

$V=0.76\times0.4\times0.1\times2+0.68\times4\times0.1=0.33$ (m$^3$)

(8)砖基础

$V_{基础}=L\times S_{基础断面}-V_{扣除}+V_{增加}$

$V_{基础}$(柱)$=[(0.56\times0.12+0.44\times0.12+0.32\times0.36)\times0.4-0.24\times0.2\times0.4]\times2=0.15$ (m$^3$)

$V_{基础}$(墙)$=(0.48\times0.12+0.36\times0.12+0.24\times0.36)\times4-0.24\times0.2\times0.4=0.73$ (m$^3$)

(9)砖柱矩形

$V_{砖柱}=S_{砖柱}\times H_{柱高}$

$V=(0.32\times0.32\times1.36-0.2\times0.1\times0.1\times2)\times2=0.27$ (m$^3$)

(10)砖砌外墙1砖

$V=0.24\times0.66\times4=0.63$ (m$^3$)

(11)混凝土垫层

$V=0.76\times0.4\times0.1\times2+0.68\times4\times0.1=0.33$ (m$^3$)

(12)圈梁

$V=0.24\times0.2\times4.8=0.23$ (m$^3$)

(13)其他零星构件(混凝土预埋件)

$V=0.1\times0.2\times0.1\times4+0.24\times0.1\times4=0.11$ (m$^3$)

(14)$\phi8$(地梁)

单根长度 $L=(0.2+0.24)\times2-8\times0.02+23.8\times0.08+0.03=2.654$ (m)

根数 $N=4.76/0.2+1=25$ (根)

箍筋单根长度＝构件断面周长$-8c+23.8d+30$

箍筋根数＝配置段长度/箍筋间距＋1

重量 $M=2.654\times25\times0.395=26.21$ (kg)

(15)$\phi12$(地梁)

长度 $L=(4.8-2\times0.02+2\times6.25\times0.012)\times4=19.64$ (m)

重量 $M=19.64\times0.888=17.44$ (kg)

钢筋质量＝钢筋长度×每延长米质量。

水平、竖向钢筋长度＝构件长度－两端保护层厚度＋搭接长度＋弯钩增加长度。

本工程不考虑搭接，弯钩采用180°弯钩。

(16)$\phi8$(预埋件)

单根长度 $L=(0.2+0.24)\times2-8\times0.02+23.8\times0.08+0.03=2.654$ (m)

根数 $N=3.96/0.2+1=21$（根）

重量 $M=2.654\times21\times0.395=22.01$（kg）

(17)$\phi12$(预埋件)

长度 $L=(4-2\times0.02+2\times6.25\times0.012)\times2=8.22$（m）

重量 $M=8.22\times0.888=7.30$（kg）

(18)压顶

$V=0.45\times0.45\times0.04\times2+0.34\times4\times0.04=0.071$（$m^3$）

定额中只有混凝土压顶，例题中要求为黄锈石压顶，应该增加定额，该体积为按照混凝土压顶计算的体积

(19)石料线脚加工(曲弧线形)一道线

$V=0.44\times0.05\times0.04\times8+0.05\times4\times0.04\times2=0.023$（$m^3$）

(20)水泥砂浆 2 cm 厚找平

$S_{柱}=0.32\times1.31\times6+0.32\times0.66\times2=2.94$（$m^2$）

$S_{墙}=0.24\times0.65\times2=0.31$（$m^2$）

(21)喷真石漆

$S_{墙}=0.24\times0.65\times2=0.31$（$m^2$）

(22)20 厚光面黄锈石

$S_{柱}=0.32\times1.31\times6+0.32\times0.66\times2=2.94$（$m^2$）

(23)铸铁铁花栏杆

$L=4$ m

# 案例二　秋千

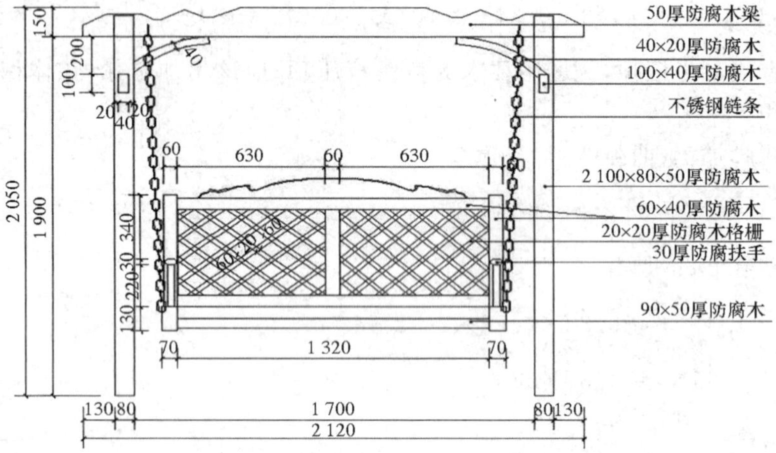


秋千正立面图 1∶20

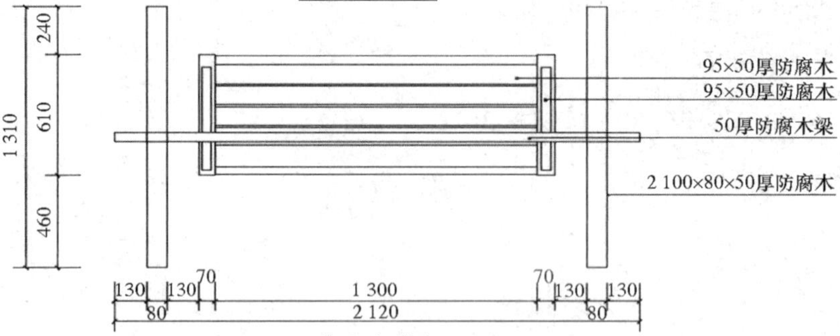


秋千平面图 1∶20

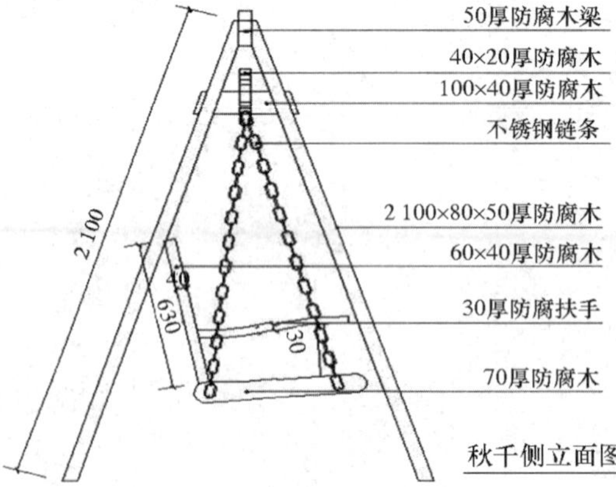


秋千侧立面图 1∶20

秋千示意图

1. 清单工程量

清单工程量计算表

| 项目编码 | 项目名称 | 项目特征描述 | 计量单位 | 工程量 |
|---|---|---|---|---|
| 050307019 | 其他景观小摆设 | 1. 成品木秋千<br>2. 50 厚防腐木梁<br>3. 40×20 厚防腐木<br>4. 100×40 厚防腐木<br>5. 不锈钢链条<br>6. 2 100×80×50 厚防腐木<br>7. 60×40 厚防腐木<br>8. 20×20 厚防腐木格栅<br>9. 30 厚防腐扶手<br>10. 95×50 厚防腐木<br>11. 70 厚防腐木 | 项 | 1 |

2. 定额工程量

成品秋千工程量:1 个

# 案例三　木花架

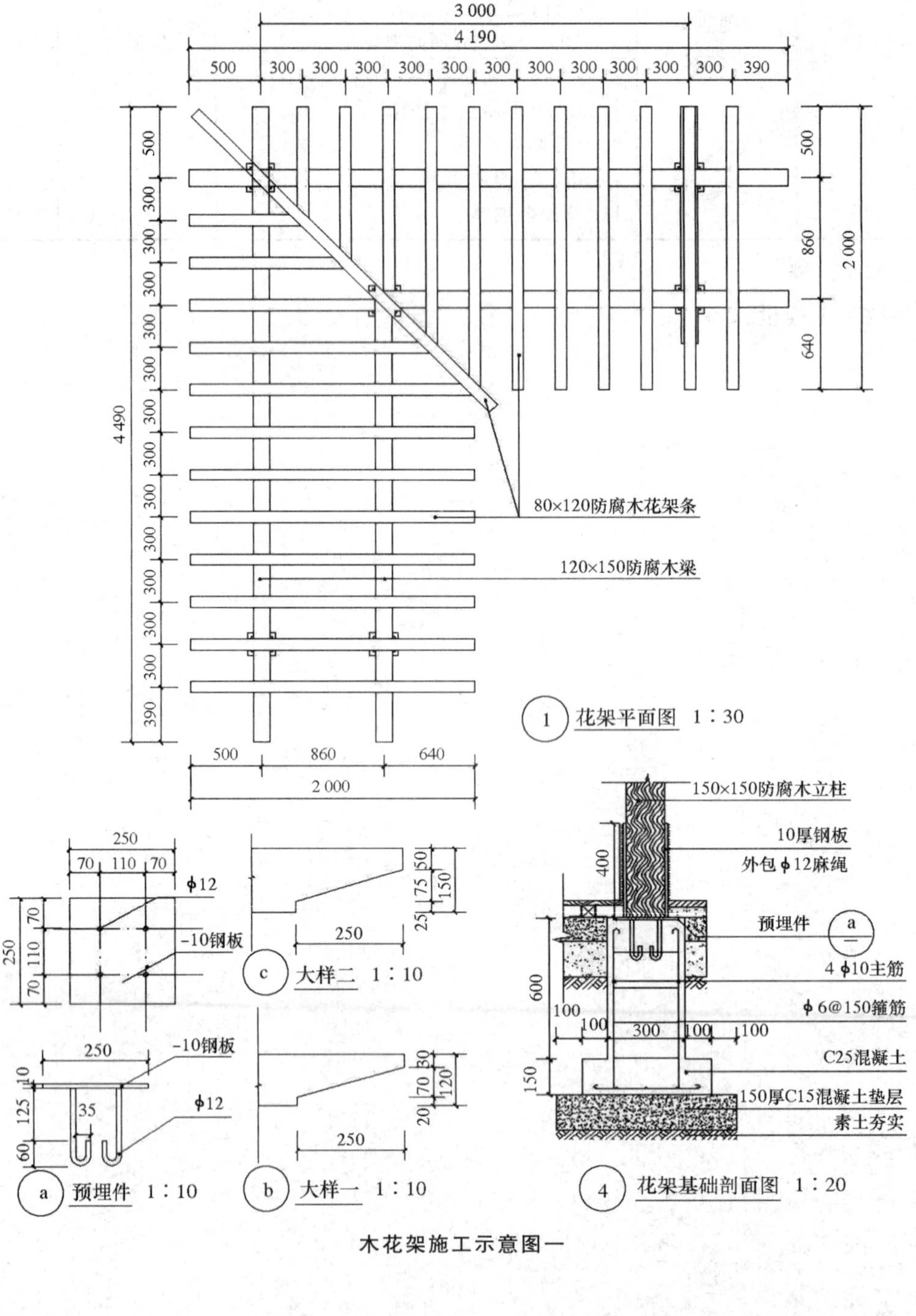


木花架施工示意图一

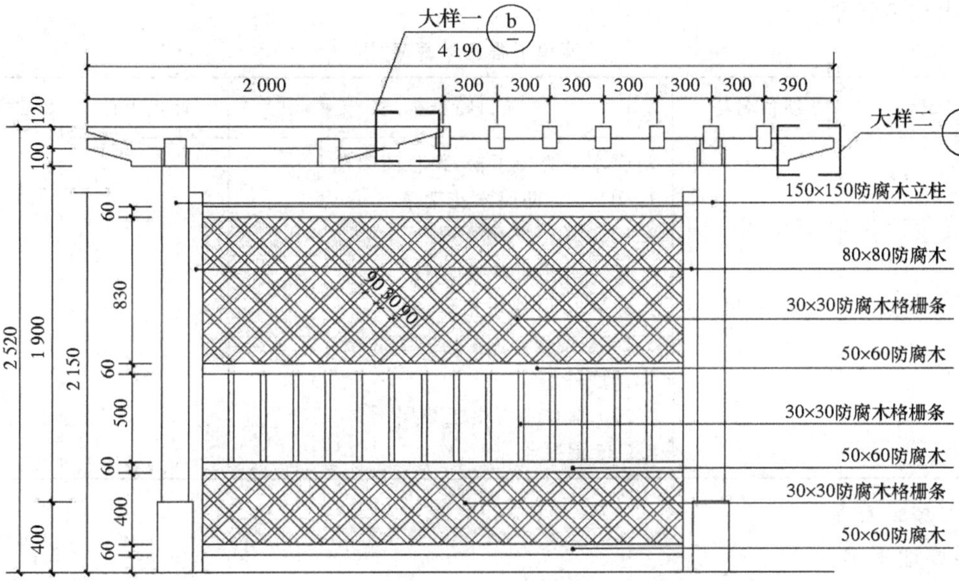


2　花架正立面图 1：30

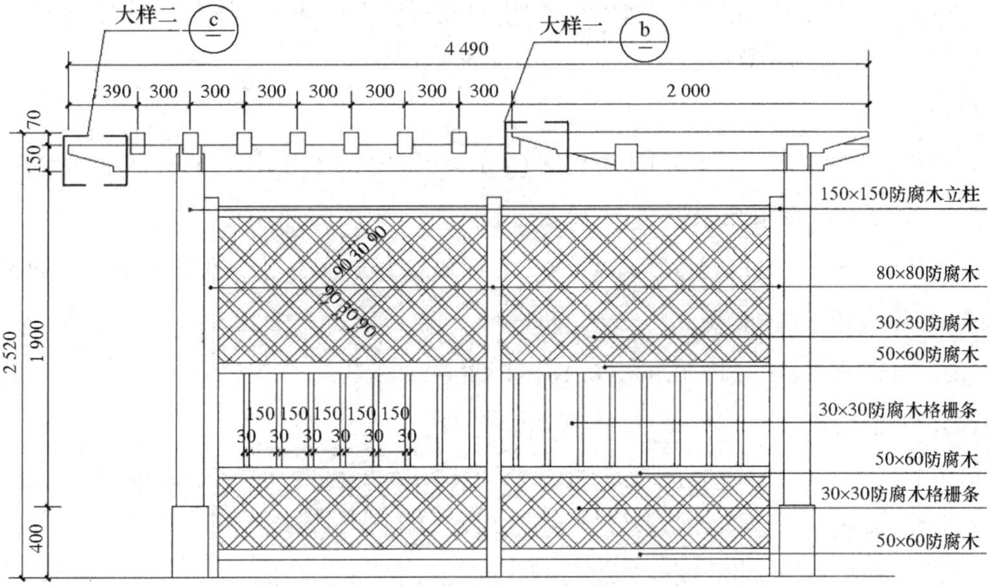


3　花架侧立面图 1：30

木花架施工示意图二

1. 清单工程量

**清单工程量计算表**

| 项目编码 | 项目名称 | 项目特征描述 | 计量单位 | 工程量 |
|---|---|---|---|---|
| 05B001 | 木花架 | 防腐木均为樟子松,栗色漆喷涂<br>1. 80×120 防腐木花架条<br>2. 120×150 防腐木梁<br>3. 150×150 防腐木立柱<br>4. 30×30 防腐木格栅条<br>5. 10 厚钢板,外包 $\phi$12 麻绳<br>6. 预埋件<br>7. 150 厚 C15 混凝土垫层<br>8. C25 混凝土 | 项 | 1 |

2. 定额工程量

(1)场地平整

(3＋0.15)×(0.86＋0.15)＋(2.4＋0.15)×(0.86＋0.15)＝5.76 ($m^2$)

(2)土方开挖

(0.1＋0.1＋0.3＋0.1＋0.1＋0.2)×(0.1＋0.1＋0.3＋0.1＋0.1＋0.2)×

0.975×6＝4.74 (敨)

(3)素土夯实

(0.1＋0.1＋0.3＋0.1＋0.1＋0.2)×(0.1＋0.1＋0.3＋0.1＋0.1＋0.2)×6＝4.86 ($m^2$)

(4)150 厚 C15 混凝土垫层

(0.1＋0.1＋0.3＋0.1＋0.1)×(0.1＋0.1＋0.3＋0.1＋0.1)×0.15×6＝0.441 (敨)

(5)垫层模板

(0.1＋0.1＋0.3＋0.1＋0.1)×0.15×4×6＝2.52 ($m^2$)

(6)C25 混凝土

[(0.1＋0.3＋0.1)×(0.1＋0.3＋0.1)×0.15＋0.3×0.3×0.6]×6＝0.549 ($m^3$)

(7)基础模板

[(0.1＋0.3＋0.1)×0.15×4＋0.3×0.6×4]×6＝6.12 ($m^2$)

(8)钢筋 10

(0.5×5×2＋0.6×4)×6×0.617/1 000＝0.027 (t)

(9)钢筋 6

0.3×4×(0.6/0.15＋1)×0.222×6/1 000＝0.008 (t)

(10)预埋件

(0.25×0.25×7.85/1 000＋0.145×4×0.888/1 000)×6＝0.006 (t)

(11)10 厚钢板

0.16×0.4×4×6×7.85/1 000=0.012 (t)

(12)$\phi$12 麻绳

0.16×4×(0.325/0.012+1)×6=107.84 (m)

(13)30×30 防腐木格珊条

(0.4+0.53+0.83)×(1.505×2+2.69)=10.032 ($m^2$)

(14)50×60 防腐木

(1.505×2+2.69)×4×0.05×0.06=0.068 4 ($m^3$)

(15)80×80 防腐木

2.15×5×0.08×0.08=0.068 8 ($m^3$)

(16)150×150 防腐木立柱

2.45×0.15×0.15×6=0.331 ($m^3$)

(17)120×150 防腐木梁

(4.19+4.49+2.89+3.19)×0.12×0.15=0.266 ($m^3$)

(18)80×120 防腐木花架条

(2×13+2.95+(0.8+1.1+1.4+1.7+2)×2)×0.08×0.12=0.412 ($m^3$)

# 案例四　中心廊架

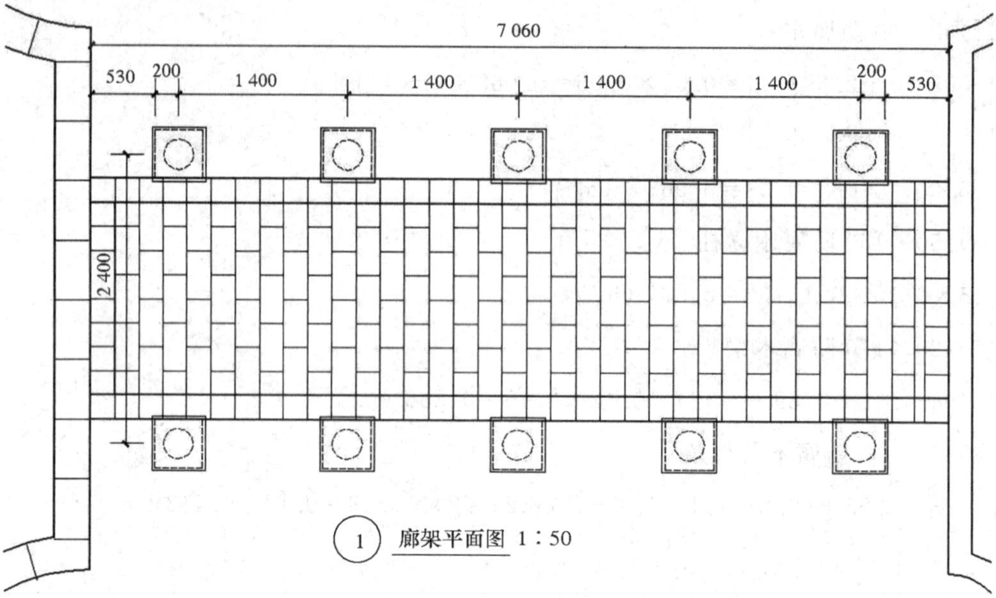


① 廊架平面图 1：50

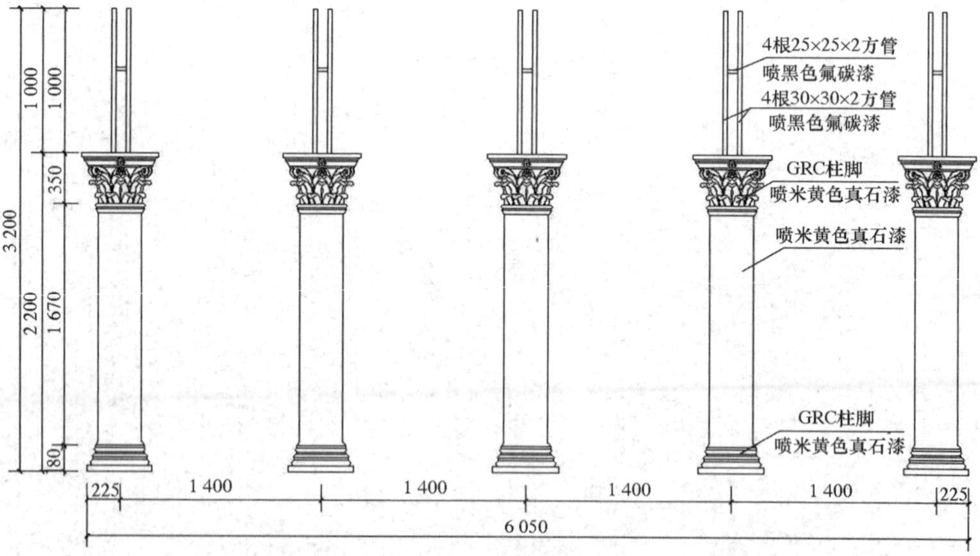


② 廊架侧立面图 1：30

**中心廊架示意图一**

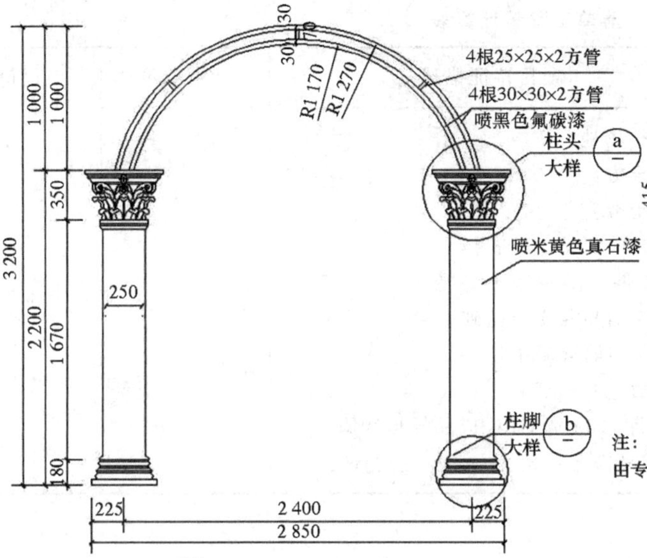


③ 廊架正立面 1：30

ⓐ

注：装饰面及线脚材质为GRC，内部钢结构干挂由专业厂家根据尺寸加工制作安装

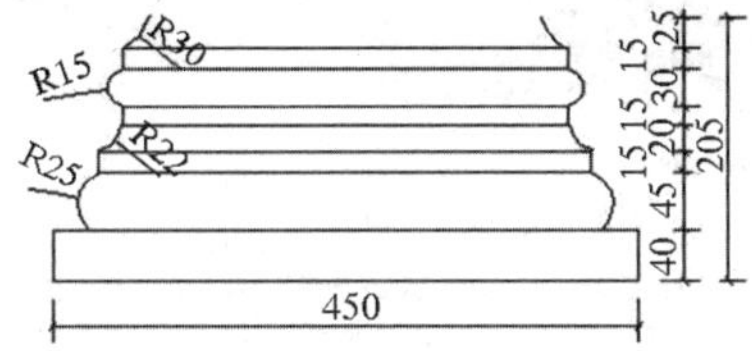


ⓑ

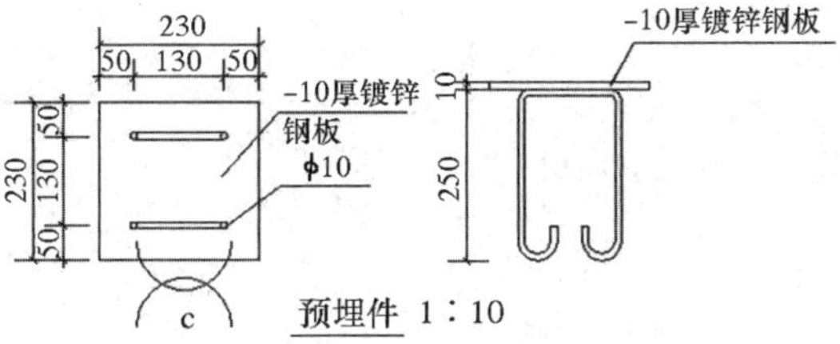


预埋件 1：10

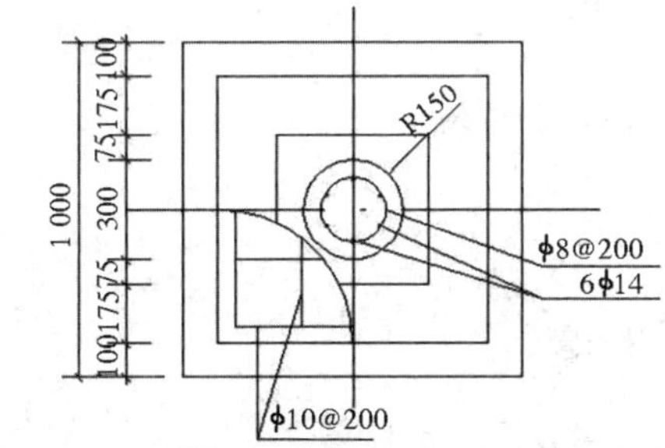


⑤ 柱础配筋图 1：20

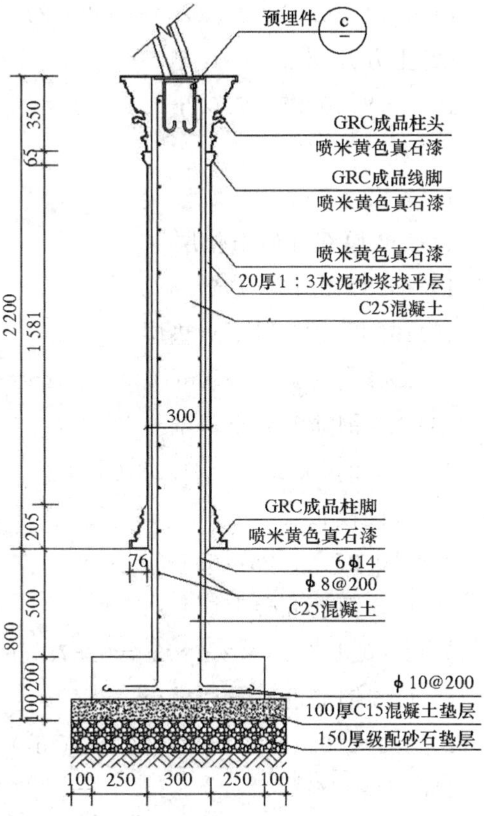


④ 廊架剖面图 1：20

中心廊架示意图二

1.清单工程量

清单工程量计算表

| 项目编码 | 项目名称 | 项目特征描述 | 计量单位 | 工程量 |
|---|---|---|---|---|
| 050304003 | 中心廊架 | 1.平整场地<br>2.挖土方<br>3.素土夯实<br>4.150厚级配砂石垫层<br>5.100厚C15混凝土垫层<br>6.C25钢筋混凝土基础<br>7.C25钢筋混凝土柱<br>8.米黄色真石漆<br>9.52厚×65宽GRC成品异形线脚<br>10.成品铁艺花架 | 项 | 1 |

2.定额工程量

(1)场地平整

(1.4×4+0.2×2)+(2.4+0.2×2)=8.8 ($m^2$)

(2)土方开挖

1×1×8×0.95=7.6 ($m^2$)

(3)素土夯实

1×1×8=8 ($m^2$)

(4)150厚级配砂石垫层

1×1×8×0.15=1.2 ($m^3$)

(5)100厚C15混凝土垫层

1×1×8×0.1=0.8 ($m^3$)

(6)C25钢筋混凝土基础

0.8×0.8×0.25×8=1.28 ($m^3$)

(7)基础模板

0.8×0.25×4×8=6.4 ($m^2$)

(8)C25钢筋混凝土柱

3.14×0.1×0.1×2.7×8 =0.678 ($m^3$)

(9)C25钢筋混凝土柱模板

2×3.14×0.1×2.7×8=13.56 ($m^2$)

(10)钢筋10

0.76×(0.8/0.2+1)×2×8×0.617/1 000=0.037 5 (t)

(11)钢筋14

2.7×6×8×1.209/1 000=0.157 (t)

(12)钢筋8

0.628×（2.7/0.2＋1）×0.395×8/1 000＝0.029 7（t）

(13)预埋件

(0.23×0.23×7.85×8/1 000＋0.35×4×8×0.888/1 000)＝0.013 2（t）

(14)20 厚 1∶3水泥砂浆找平层

2.2×2×3.14×0.1×8＝11.05（$m^2$）

(15)GRC 成品柱脚外喷米黄色真石漆(异形)

2×3.14×(0.45/2)×0.205×8＝2.317（$m^2$）

(16)米黄色真石漆

1.581×2×3.14×0.1×8＝7.94（$m^2$）

(17)52 厚×65 宽 GRC 成品异形线脚

2×3.14×0.36/2×8＝9.04（m）

(18)GRC 成品柱头外喷米黄色真石漆

8 套

(19)成品铁艺花架

2×3.14×1/2×8＝25.12（m）

# 案例五　雕塑

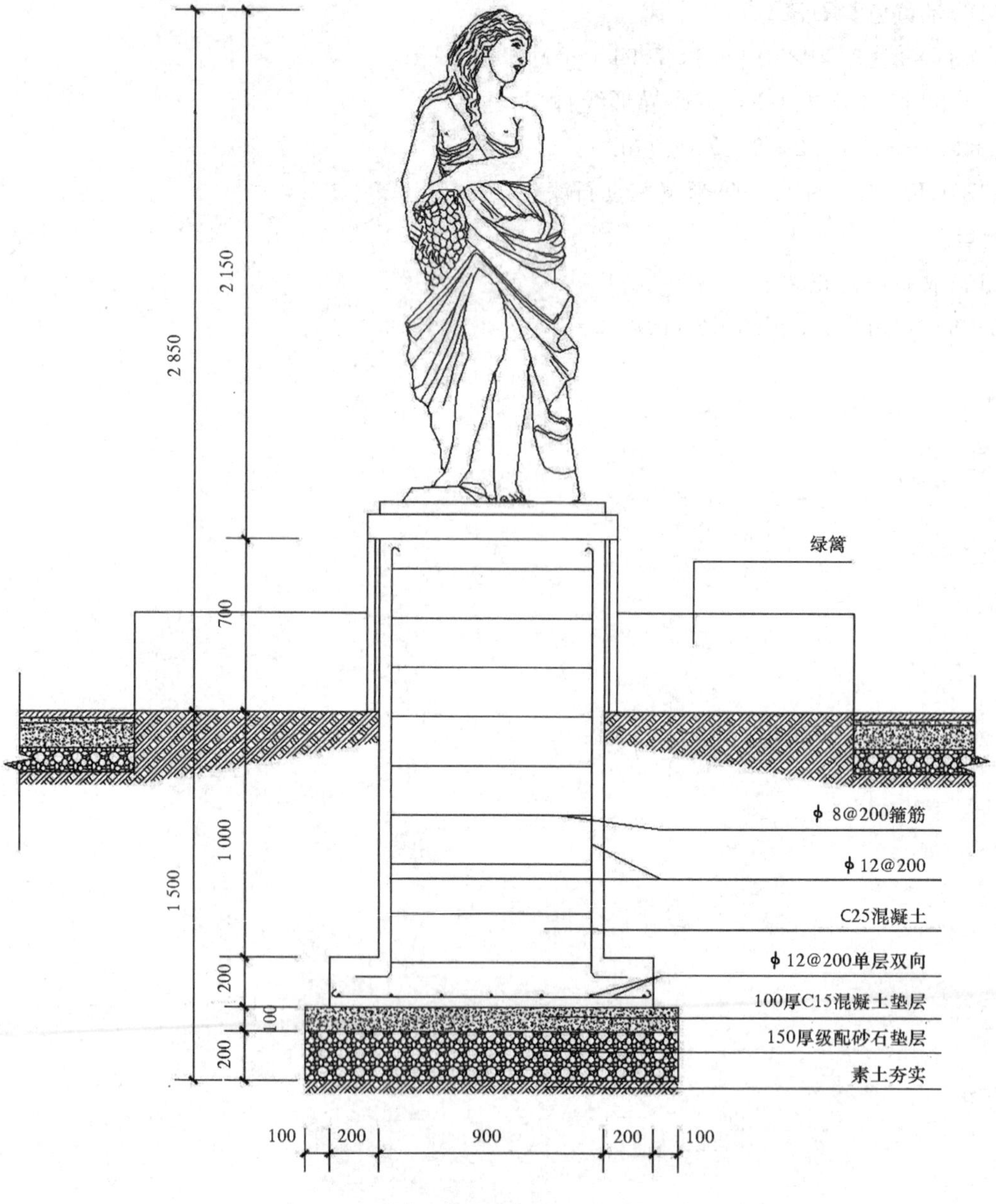


葡萄女神基础剖面图 1∶30

雕塑示意图一

葡萄女神侧立面图 1∶30

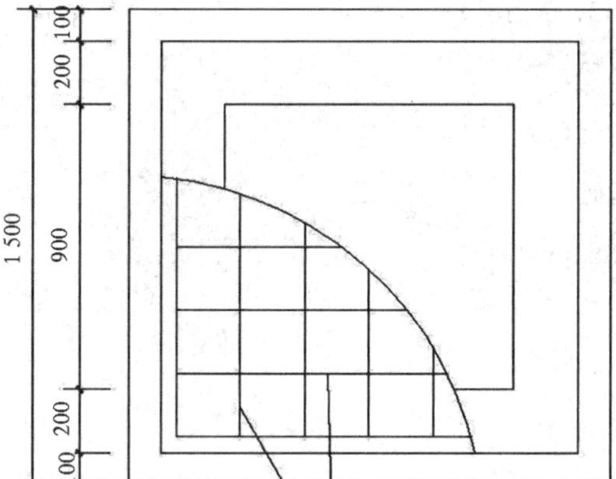


基础配筋图 1∶20

**雕塑示意图二**

1.清单工程量

清单工程量计算表

| 项目编码 | 项目名称 | 项目特征描述 | 计量单位 | 工程量 |
|---|---|---|---|---|
| 01B001 | 雕塑 | 1.挖二类土方<br>2.150厚级配砂石垫层<br>3.100厚C15混凝土垫层<br>4.C25钢筋混凝土基础<br>5. C25钢筋混凝土柱<br>6.成品雕塑 | 项 | 1 |

2.定额工程量

(1)场地平整

1×1=1 ($m^2$)

(2)土方开挖

1.5×1.5×1.5=3.375 ($m^2$)

(3)素土夯实

1.5×1.5=2.25 ($m^2$)

(4)150厚级配砂石垫层

1.5×1.5×0.15=0.337 5 ($m^3$)

(5)100厚C15混凝土垫层

1.5×1.5×0.1=0.225 ($m^3$)

(6)C25钢筋混凝土基础

1.3×1.3×0.2=0.338 ($m^3$)

(7)基础模板

1.3×4×0.25=1.3 ($m^2$)

(8)C25钢筋混凝土柱

1.7×0.9×0.9 =1.377 ($m^3$)

(9)C25钢筋混凝土柱模板

1.7×0.9×4=6.12 ($m^2$)

(10)钢筋8

(1.7/0.2+1)×0.8×4×0.395/1 000=0.012 6 (t)

(11)钢筋12

(1.3/0.2+1)×1.3×2×0.888+(0.9/0.2+1)×2×1.7×0.888/1 000=0.036 6 (t)

(12)贴面

0.7×0.9×4=2.52 ($m^2$)

(13)压顶

0.9×0.9=0.81 ($m^2$)

(14)20 厚 1∶3 水泥砂浆找平层

2.52+0.81=3.33 ($m^2$)

(15)成品雕塑

1 座

# 案例六　指示牌

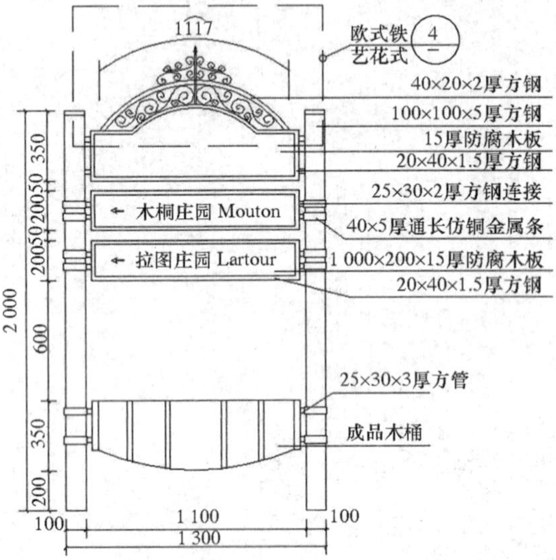


② 指示牌立面图 1：15

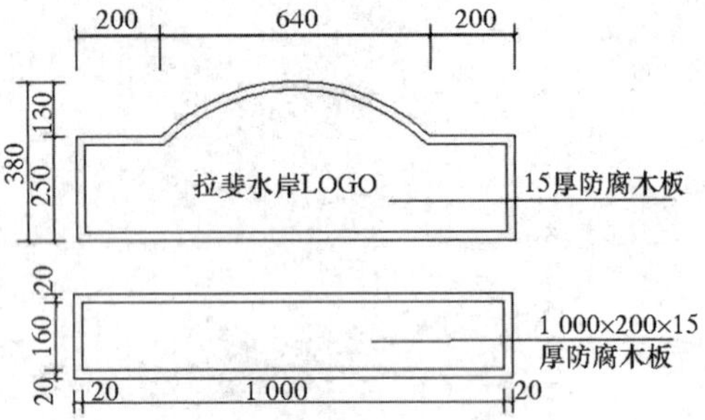


③ 木板大样图 1：10

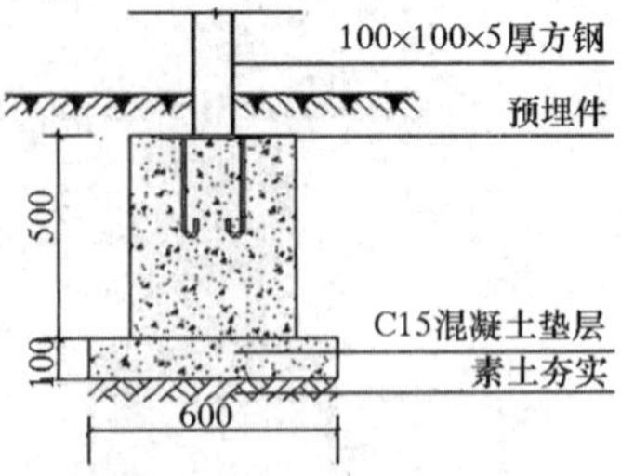


⑤ 指示牌基础断面 1：15

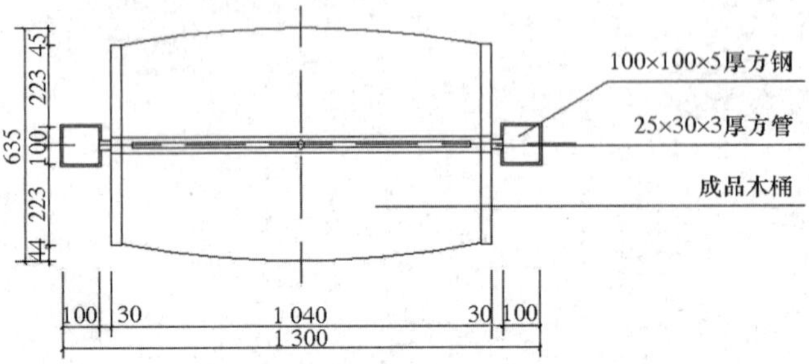


① 指示牌平面图 1：10

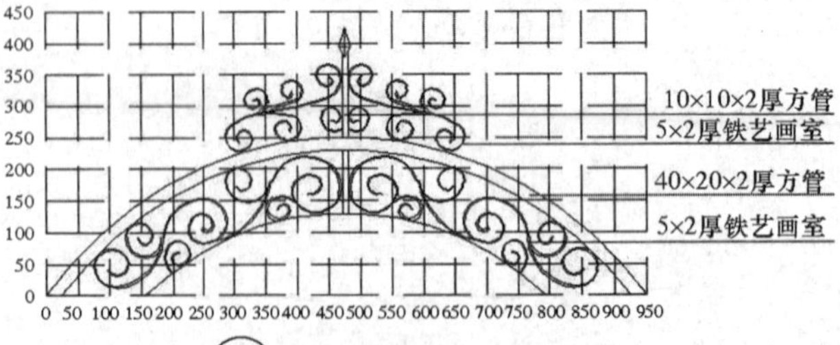


④ 欧式铁艺花式大样图 1：5

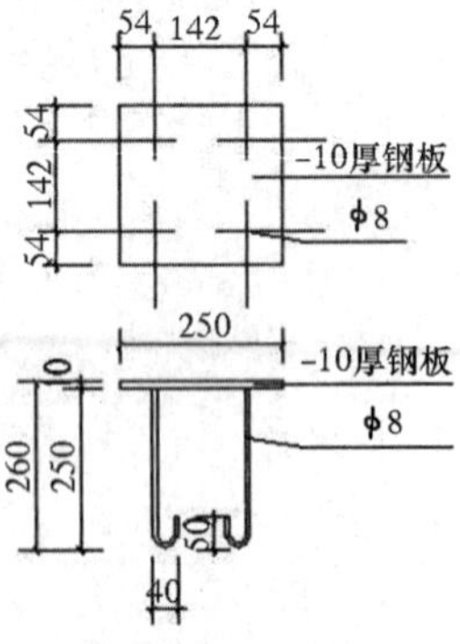


预埋件 1：10

1. 清单工程量

清单工程量计算表

| 项目编码 | 项目名称 | 项目特征描述 | 计量单位 | 工程量 |
|---|---|---|---|---|
| 050307009 | 指示牌 | 1. 平整场地<br>2. 挖土方<br>3. 素土夯实<br>4. C15 混凝土垫层<br>5. 混凝土墩<br>6. 预埋件<br>7. 成品木桶<br>8. 成品指示牌 | 个 | 1 |

2. 定额工程量

(1)场地平整

$0.1\times0.1\times2=0.02\ (m^2)$

(2)土方开挖

$0.6\times0.6\times0.7\times2=0.504\ (m^2)$

(3)素土夯实

$0.6\times0.6\times2=0.72\ (m^2)$

(4)C15 混凝土垫层

$0.6\times0.6\times0.1\times2=0.072\ (m^3)$

(5)C25 混凝土墩

$0.5\times0.4\times0.4\times2=0.16\ (m^3)$

(6)基础模板

$0.6\times4\times0.1\times2+0.5\times0.4\times4\times2=2.08\ (m^2)$

(7)预埋件

$0.25\times0.25\times7.85\times2/1\,000+0.3\times4\times0.395\times2/1\,000=0.001\,44\ (t)$

(8)成品木桶

1 套

(9)成品指示牌

1 套

# 案例七　消防通道桥

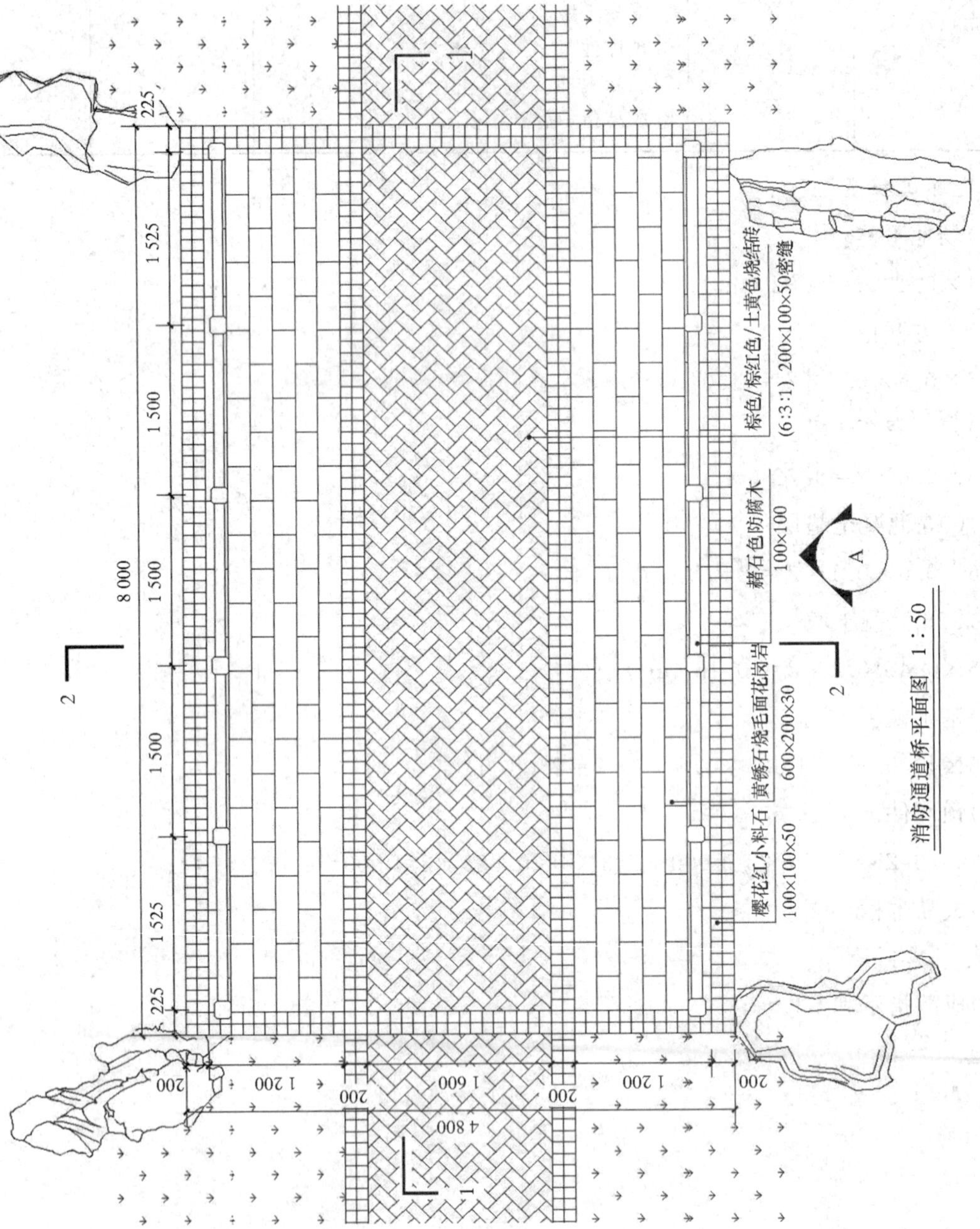


消防通道桥示意图一

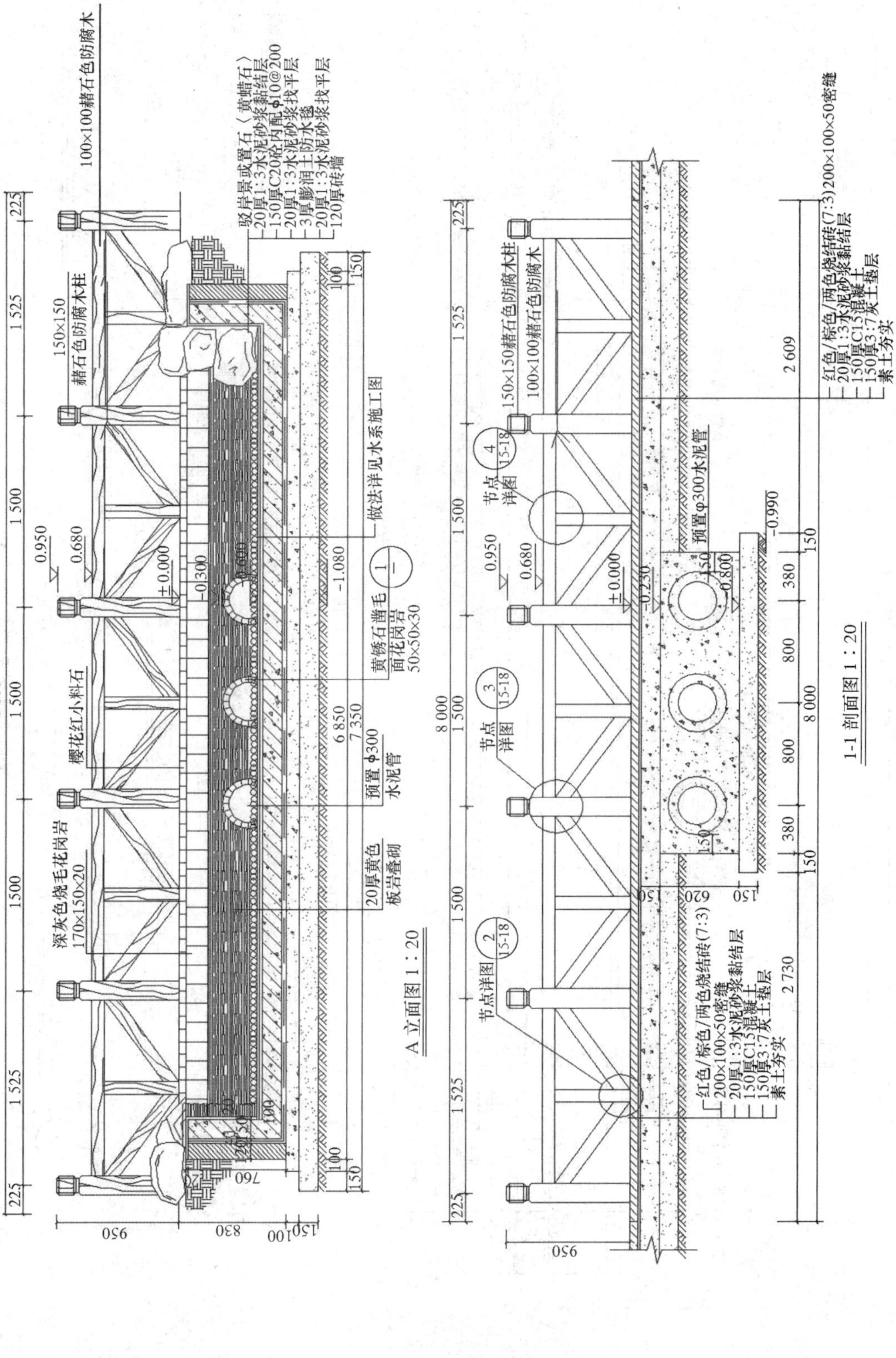
100×100赭石色防腐木
150×150
赭石色防腐木柱
驳岸景观置石（黄蜡石）
20厚1:3水泥砂浆黏结层
150厚C20砼内配Φ10@200
20厚1:3水泥砂浆找平层
3厚膨润土防水毯
20厚1:3水泥砂浆找平层
120厚砖墙
做法详见水系施工图
黄锈石凿毛面花岗岩
50×50×30
预置Φ300
水泥管
20厚黄色
板岩叠砌
樱花红小料石
深灰色烧毛花岗岩
170×150×20
A 立面图 1 : 20
150×150赭石色防腐木柱
100×100赭石色防腐木
节点详图
预置Φ300水泥管
红色/棕色/两色烧结砖(7:3)200×100×50密缝
20厚1:3水泥砂浆黏结层
150厚C15混凝土
150厚3:7灰土垫层
素土夯实
1-1 剖面图 1 : 20

消防通道桥示意图二

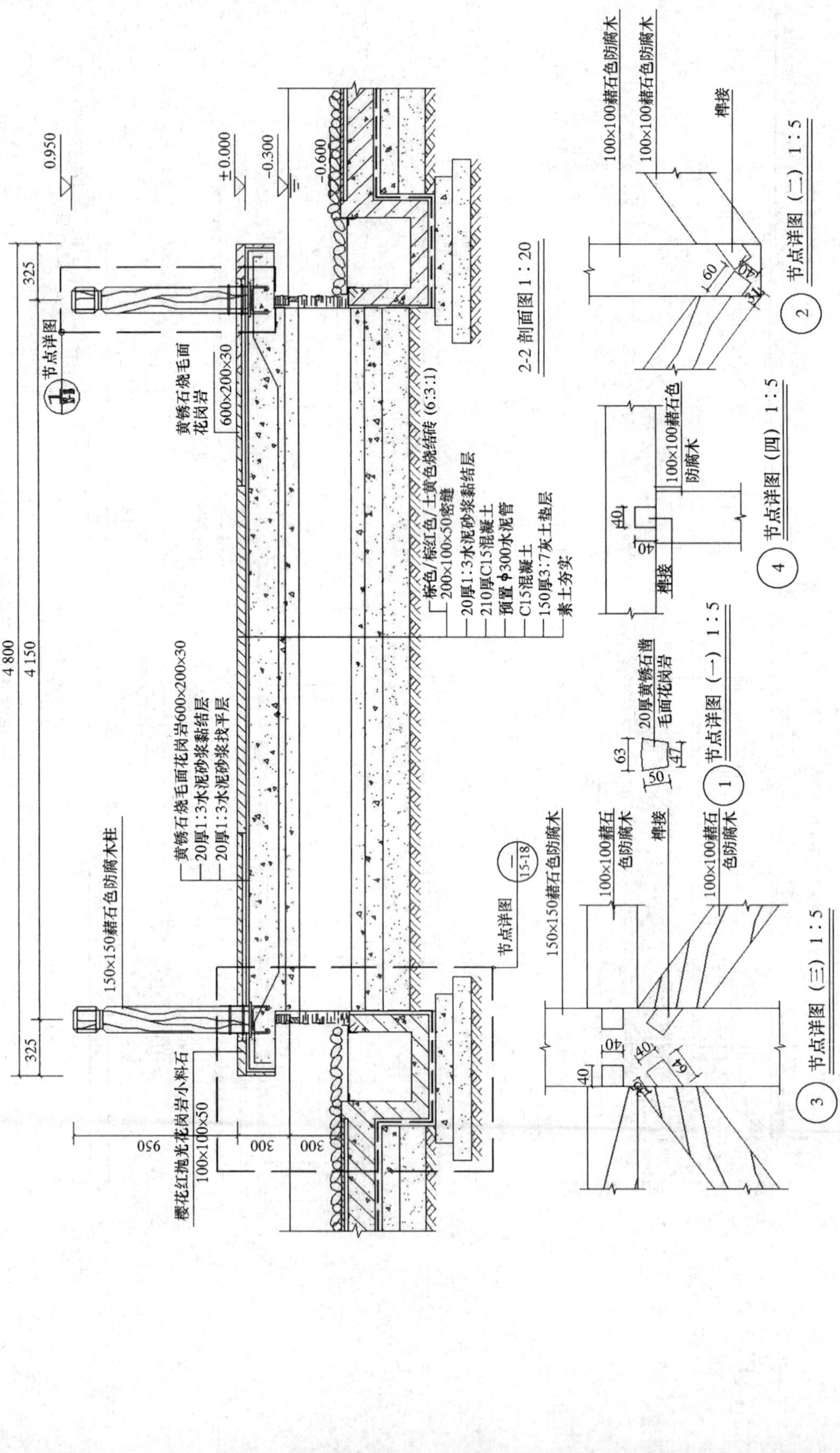
0.950
±0.000
-0.300
-0.600
325
4 800
4 150
节点详图
2-2 剖面图 1∶20
黄锈石烧毛面花岗岩
600×200×30
棕色/棕红色/土黄色烧结砖（6∶3∶1）
200×100×50密缝
20厚1∶3水泥砂浆黏结层
210厚C15混凝土
预置Φ300水泥管
C15混凝土
150厚3∶7灰土垫层
素土夯实
150×150赭石色防腐木柱
黄锈石烧毛面花岗岩600×200×30
20厚1∶3水泥砂浆黏结层
20厚1∶3水泥砂浆找平层
樱花红抛光花岗岩小料石
100×100×50
950
300
150×150赭石色防腐木
100×100赭石色防腐木
榫接
节点详图（一） 1∶5
20厚黄锈石凿毛面花岗岩
63
50
47
节点详图（二） 1∶5
节点详图（三） 1∶5
节点详图（四） 1∶5
60
40
64

消防通道桥示意图三

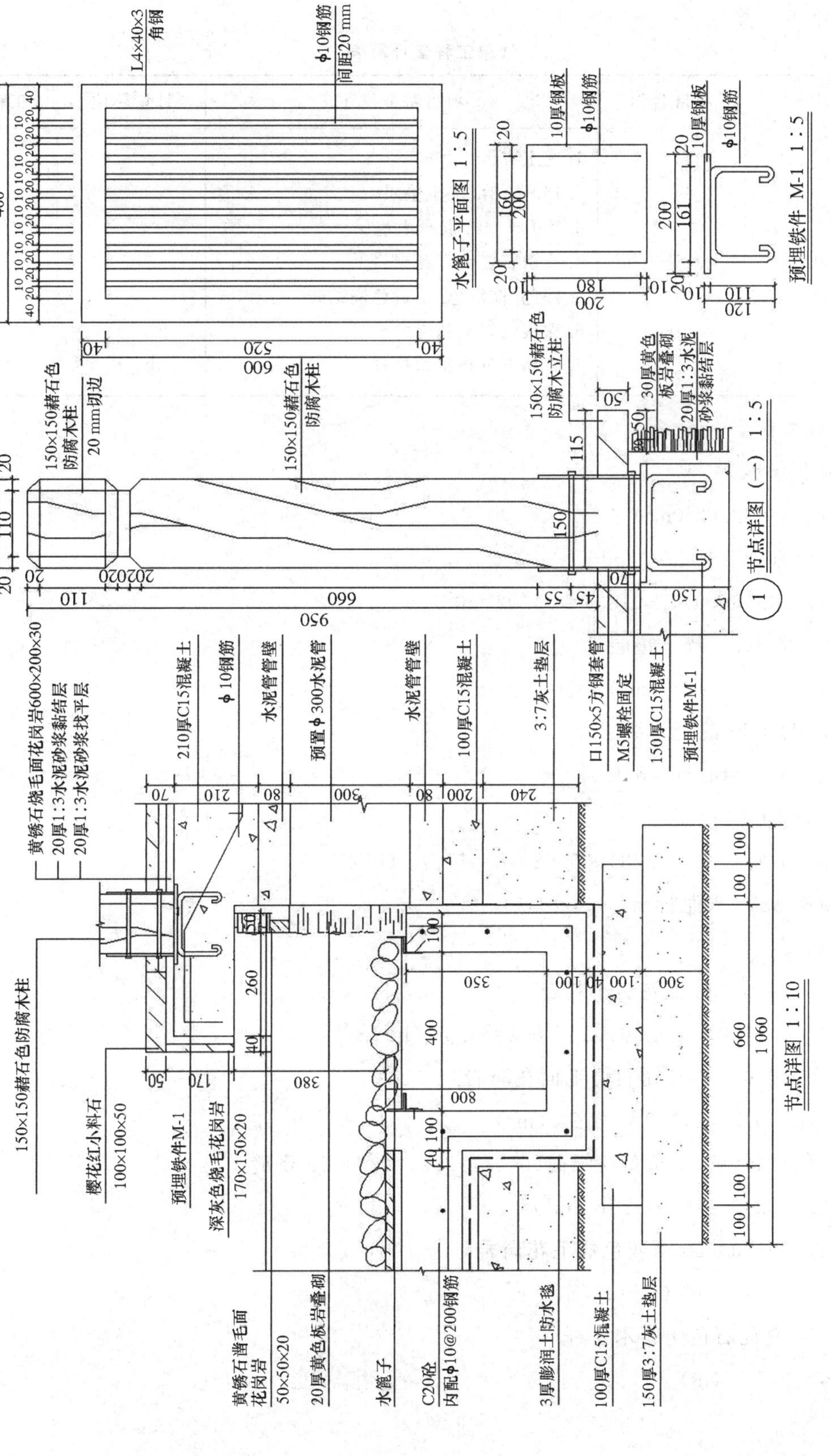
L4×40×3
角钢
ф10钢筋
间距20 mm
水篦子平面图 1∶5
10厚钢板
ф10钢筋
预埋铁件 M-1 1∶5
150×150赭石色
防腐木柱
20 mm切边
150×150赭石色
防腐木柱
150×150赭石色
防腐木立柱
30厚黄色
板岩叠砌
20厚1∶3水泥
砂浆黏结层
节点详图（一） 1∶5
黄锈石烧毛面花岗岩600×200×30
20厚1∶3水泥砂浆黏结层
20厚1∶3水泥砂浆找平层
210厚C15混凝土
ф10钢筋
水泥管管壁
预置ф300水泥管
水泥管管壁
100厚C15混凝土
3∶7灰土垫层
口150×5方钢套管
M5螺栓固定
150厚C15混凝土
预埋铁件M-1
150×150赭石色防腐木柱
樱花红小料石
100×100×50
预埋铁件M-1
深灰色烧毛花岗岩
170×150×20
黄锈石凿毛面
花岗岩
50×50×20
20厚黄色板岩叠砌
水篦子
C20砼
内配ф10@200钢筋
3厚膨润土防水毯
100厚C15混凝土
150厚3∶7灰土垫层
节点详图 1∶10

消防通道桥示意图四

1.清单工程量

**清单工程量计算表**

| 项目编码 | 项目名称 | 项目特征描述 | 计量单位 | 工程量 |
|---|---|---|---|---|
| 05B002 | 消防通道桥 | 1.挖土方<br>2.150厚3:7灰土垫层<br>3.150厚C15混凝土垫层<br>4.黄锈石烧毛面花岗岩<br>5.棕色/棕红色/土黄色烧结砖<br>6.深灰色烧毛花岗岩<br>7.高赭石色防腐木栏杆 | 座 | 1 |

2.定额工程量

(1)素土夯实

4.054×8=32.43 ($m^2$)

(2)挖土方

32.43×(0.15+0.1+0.83)=35.02 ($m^3$)

(3)150厚3:7 灰土垫层

32.43×0.15=4.86 ($m^3$)

(4)150厚C15混凝土垫层

32.43×0.15=4.86 ($m^3$)

(5)620厚C15混凝土

(0.38+0.8+0.8+0.38)×0.62×8=11.71 ($m^3$)

(6)预置$\phi$300水泥管

4.054×3=12.16 (m)

(7)100×100×50樱花红小料石

(8×4+1.2×2×2+1.6×2)×0.2=8.08 ($m^2$)

(8)600×200×30黄锈石烧毛面花岗岩

1.2×(8−0.2×2)×2=18.24 ($m^2$)

(9)棕色/棕红色/土黄色烧结砖(6:3:1)200×100×50密缝

(8−0.2×2)×1.6=12.16 ($m^2$)

(10)170×150×20深灰色烧毛花岗岩

8×0.17×2=2.72 ($m^2$)

(11)950高赭石色防腐木栏杆

7.7×2=15.4 (m)

# 案例八　景观亭

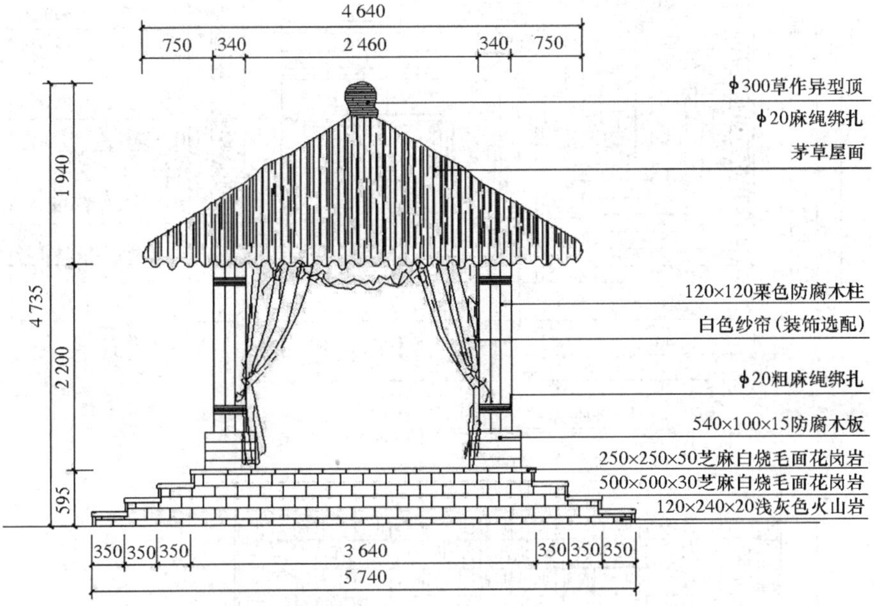


景观亭立面图 1∶50

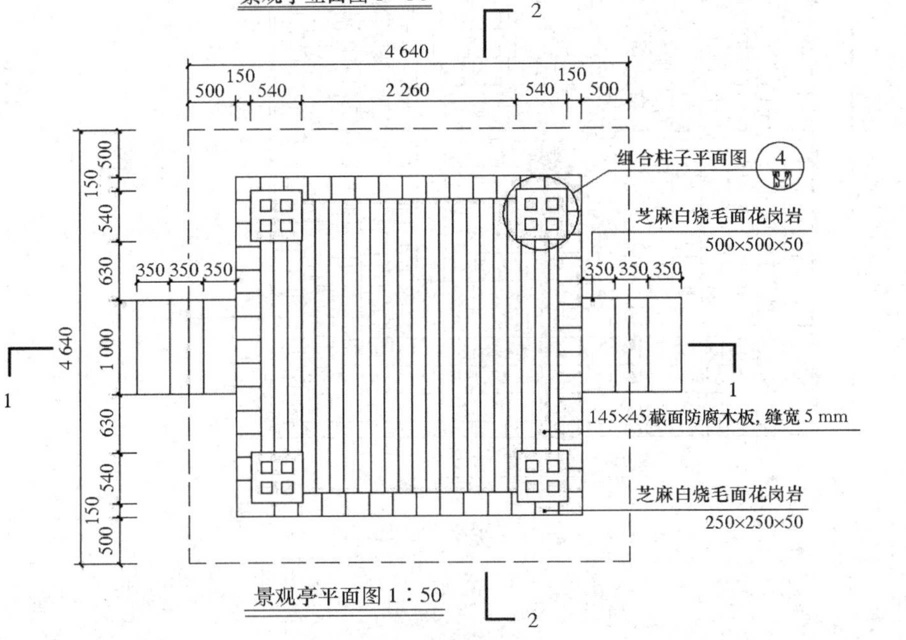


景观亭平面图 1∶50

景观亭示意图一

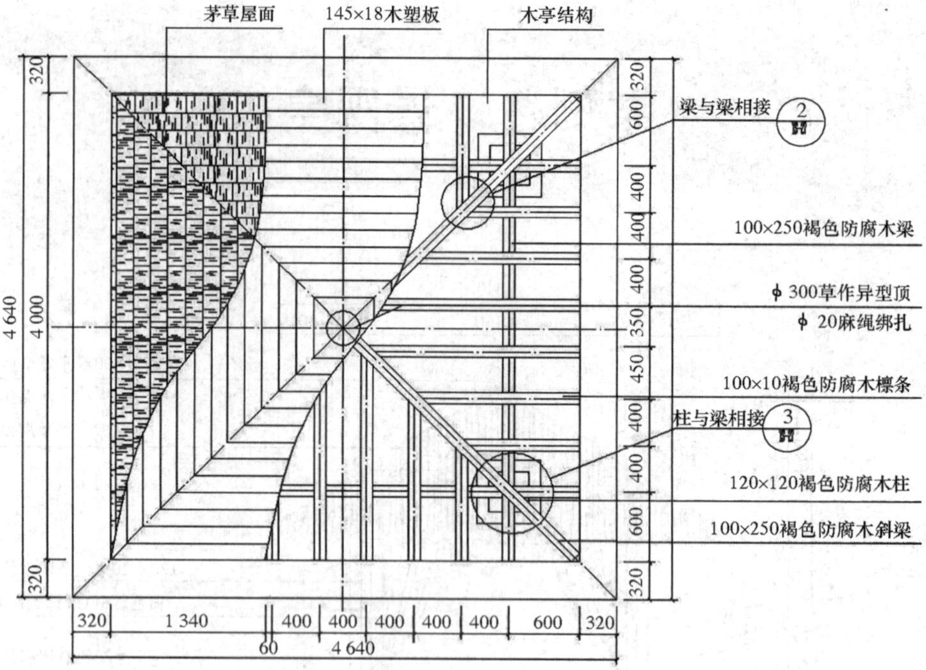


木亭结构平面图 1∶30

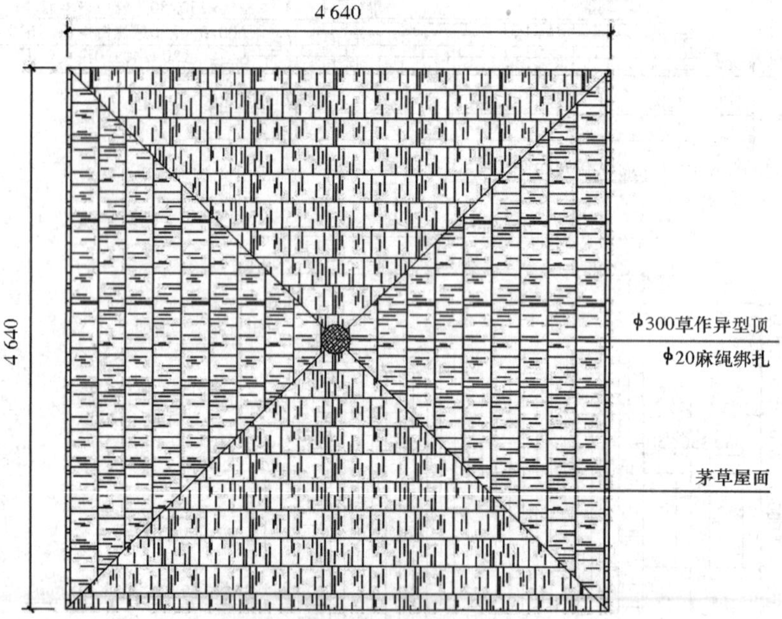


景观亭顶平面图 1∶50

景观亭示意图二

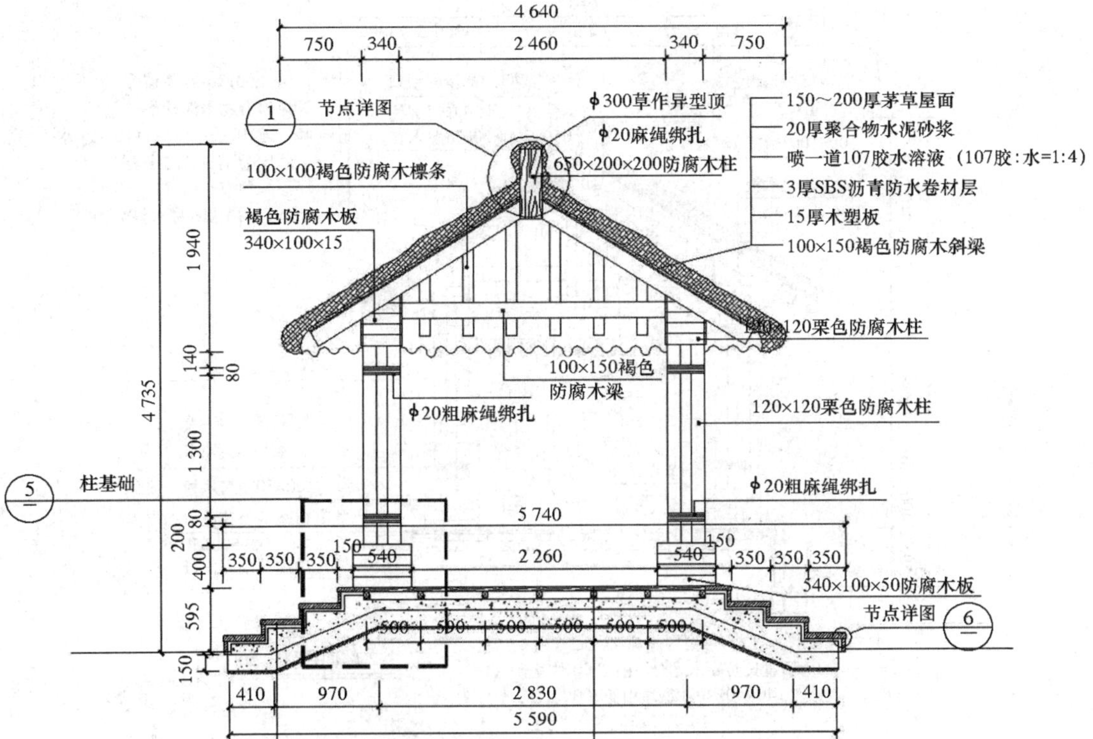


1-1 剖面图 1∶50

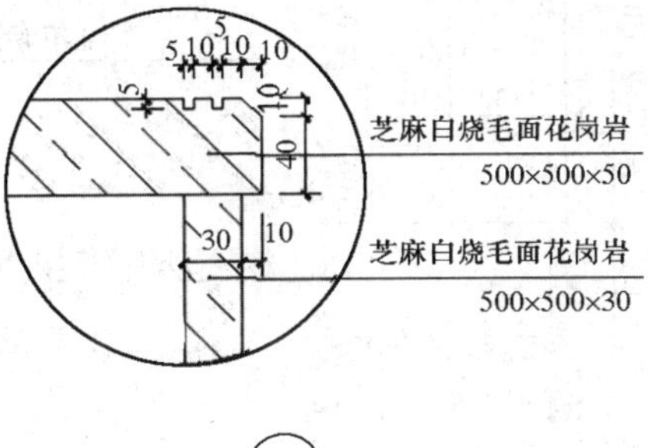


6 1∶5

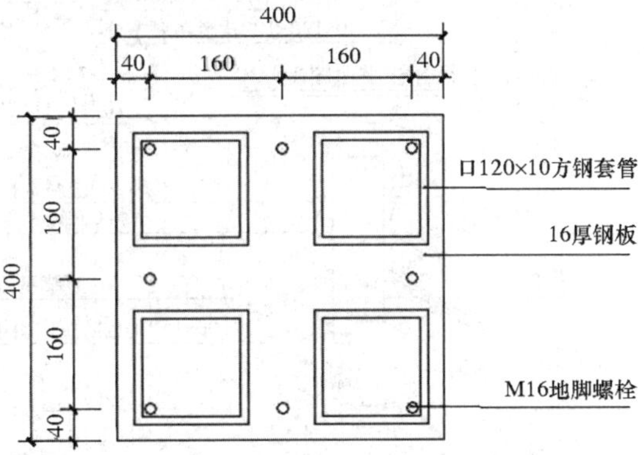


地脚螺栓布置平面图 1∶10

景观亭示意图三

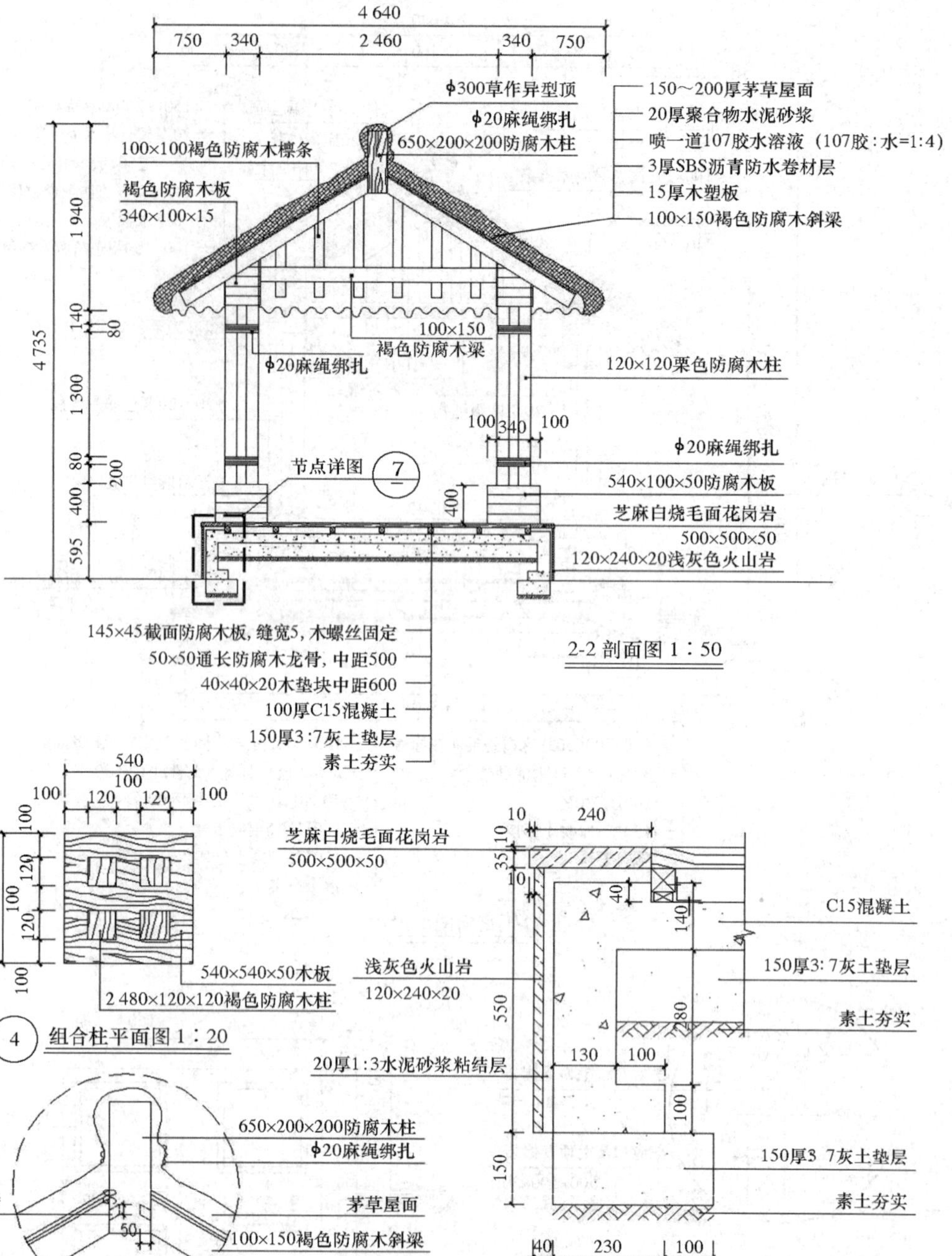
4 640
750 340 2 460 340 750
ϕ300草作异型顶
ϕ20麻绳绑扎
650×200×200防腐木柱
100×100褐色防腐木檩条
褐色防腐木板
340×100×15
150～200厚茅草屋面
20厚聚合物水泥砂浆
喷一道107胶水溶液（107胶：水=1:4）
3厚SBS沥青防水卷材层
15厚木塑板
100×150褐色防腐木斜梁
1 940
140
80
4 735
1 300
80
200
400
595
100×150
褐色防腐木梁
ϕ20麻绳绑扎
120×120栗色防腐木柱
100 340 100
ϕ20麻绳绑扎
节点详图
7
540×100×50防腐木板
400
芝麻白烧毛面花岗岩
500×500×50
120×240×20浅灰色火山岩
145×45截面防腐木板，缝宽5，木螺丝固定
50×50通长防腐木龙骨，中距500
40×40×20木垫块中距600
100厚C15混凝土
150厚3:7灰土垫层
素土夯实
2-2 剖面图 1：50
540
100
100 120 120 100
100
120
540
100
120
100
540×540×50木板
2 480×120×120褐色防腐木柱
4 组合柱平面图 1：20
650×200×200防腐木柱
ϕ20麻绳绑扎
榫接
茅草屋面
50
100×150褐色防腐木斜梁
1 1：20
10 240
芝麻白烧毛面花岗岩
500×500×50
10
35
10
40
140
C15混凝土
浅灰色火山岩
120×240×20
150厚3: 7灰土垫层
550
780
素土夯实
130 100
20厚1:3水泥砂浆粘结层
100
150
150厚3 7灰土垫层
素土夯实
40 230 100
7 1：20

景观亭示意图四

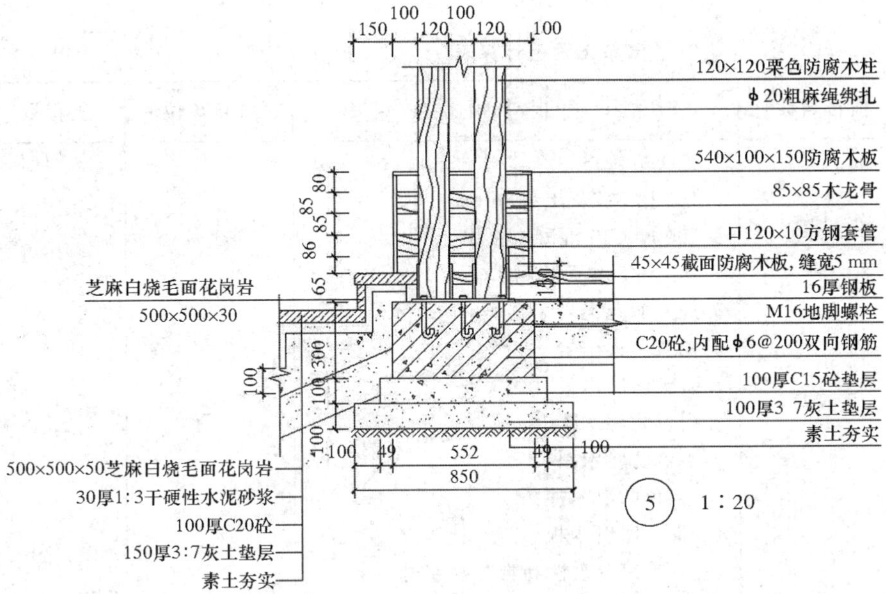
150
100
120
100
120
100
120×120栗色防腐木柱
ϕ20粗麻绳绑扎
540×100×150防腐木板
85×85木龙骨
口120×10方钢套管
45×45截面防腐木板，缝宽5 mm
16厚钢板
M16地脚螺栓
C20砼，内配ϕ6@200双向钢筋
100厚C15砼垫层
100厚3 7灰土垫层
素土夯实
芝麻白烧毛面花岗岩
500×500×30
80
85
85
86
65
150
300
100
100
100
100
49
552
49
100
850
500×500×50芝麻白烧毛面花岗岩
30厚1∶3干硬性水泥砂浆
100厚C20砼
150厚3∶7灰土垫层
素土夯实
5
1∶20

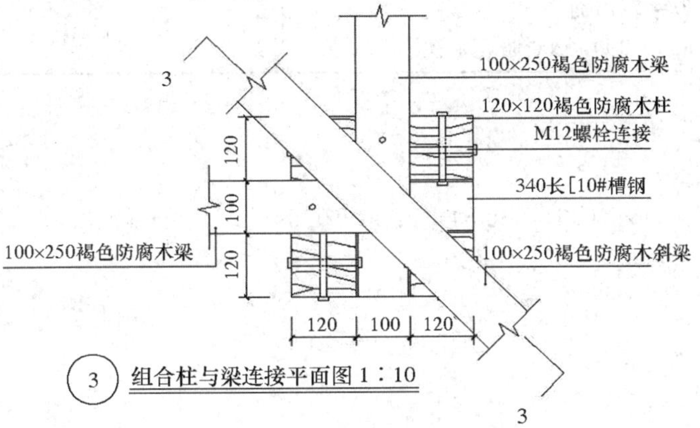
3
100×250褐色防腐木梁
120×120褐色防腐木柱
M12螺栓连接
340长[10#槽钢
100×250褐色防腐木斜梁
100×250褐色防腐木梁
120
100
120
120
100
120
3
3
组合柱与梁连接平面图 1∶10

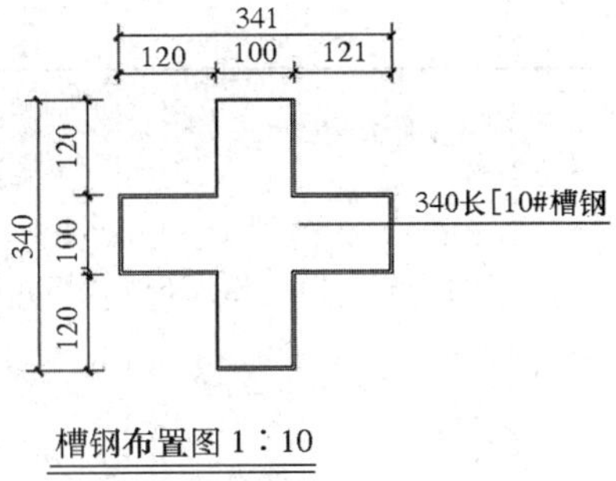
341
120
100
121
120
100
120
340
340长[10#槽钢
槽钢布置图 1∶10

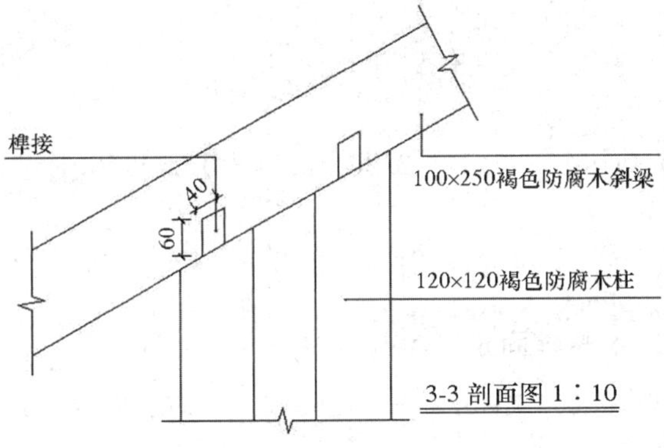
榫接
40
60
100×250褐色防腐木斜梁
120×120褐色防腐木柱
3-3 剖面图 1∶10

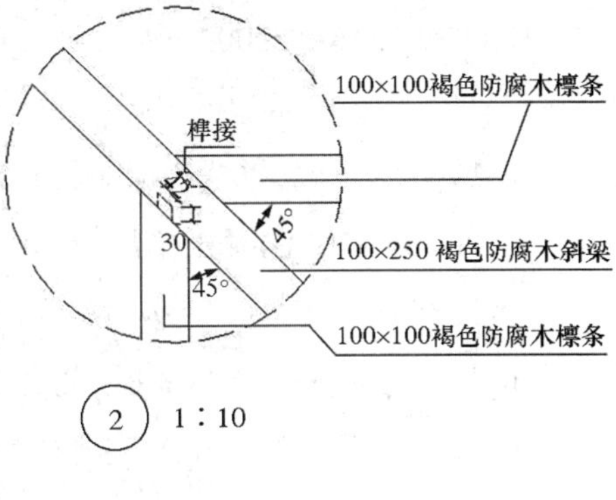
100×100褐色防腐木檩条
榫接
45°
30
45°
100×250 褐色防腐木斜梁
100×100褐色防腐木檩条
2
1∶10

景观亭示意图五

1. 清单工程量

清单工程量计算表

| 项目编码 | 项目名称 | 项目特征描述 | 计量单位 | 工程量 |
| --- | --- | --- | --- | --- |
| 05B003 | 景观亭 | 1. 挖土方<br>2. 150 厚 3∶7灰土垫层<br>3. 100 厚 C15 混凝土垫层<br>4. 145×45 截面防腐木板<br>5. 烧毛面花岗岩<br>6. 浅灰色火山岩<br>7. 栗色防腐木柱<br>8. 褐色防腐木梁<br>9. 褐色防腐木斜梁<br>10. 褐色防腐木檩条<br>11. 褐色防腐木板<br>12. 3 厚 SBS 改性沥青防水卷材<br>13. 厚茅草屋面<br>14. 650×200×200 防腐木柱 | 座 | 1 |

2. 定额工程量

(1)素土夯实

(0.15＋0.54＋2.26＋0.54＋0.15)×(0.15＋0.54＋2.26＋0.54＋0.15)＋1×0.35×3×2＝15.35 ($m^2$)

(2)土方

无标高

(3)150 厚 3∶7　灰土垫层

13.35×0.15＝2.00 ($m^3$)

(4)100 厚 C15 混凝土垫层

(0.15＋0.54＋2.26＋0.54＋0.15)×(0.15＋0.54＋2.26＋0.54＋0.15)×0.1＝1.32 ($m^3$)

(5)200 厚 C15 混凝土垫层

1×0.35×3×2×0.2＝0.42 ($m^3$)

(6)145×45 截面防腐木板，缝宽 5，木螺丝固定

(0.15＋0.54＋2.26＋0.54＋0.15)×(0.15＋0.54＋2.26＋0.54＋0.15)＝13.25 ($m^2$)

(7)50×50 通长防腐木龙骨，中距 500

(0.15＋0.54＋2.26＋0.54＋0.15)×(0.15＋0.54＋2.26＋0.54＋0.15)＝13.25 ($m^2$)

(8)500×500×50 芝麻白烧毛面花岗岩

0.25×(3.64－0.25)×4＝3.39 ($m^2$)

(9)120×240×20 浅灰色火山岩

$0.55\times\{(0.15+0.54+2.26+0.54+0.15)\times2-1\times2\}+(0.35\times0.1+0.35\times0.25+0.35\times0.35)\times4=7.89\ (m^2)$

(10)500×500×50 芝麻白烧毛面花岗岩(台阶踏面)

$0.39\times3\times1\times2=2.34\ (m^2)$

(11)500×500×30 芝麻白烧毛面花岗岩(台阶踢面)

$0.1\times4\times1\times2=0.8\ (m^2)$

(12)M16 地脚螺栓预埋件

4 套

(13)540×100×150 防腐木板及龙骨

$\{0.54\times0.54+0.54\times(0.065+0.085\times3+0.08)\times4\}\times2\times4=3.81\ (m^2)$

(14)120×120 栗色防腐木柱

$(2.2+0.4)\times0.12\times0.12\times4\times4=0.60\ (m^3)$

(15)100×250 褐色防腐木梁

$(0.6+0.4\times2+0.45+0.35+0.4\times3+0.6)\times4\times0.1\times0.25=0.4\ (m^3)$

(16)100×250 褐色防腐木斜梁

$2.825\times2\div\sqrt{3\times0.1\times0.25\times4}=0.33\ (m^3)$

(17)100×100 褐色防腐木檩条

$\{(1.729+1.329+0.929)\times2+(0.523+0.772+1.03)\times2\}\times4\times0.1\times0.1=0.50\ (m^3)$

(18)340×100×15 褐色防腐木板

$2\times2\div\sqrt{3\times4\div2\times4=}18.48\ (m^2)$

(19)3 厚 SBS 改性沥青防水卷材

$2\times2\div\sqrt{3\times4\div2\times4}=18.48\ (m^2)$

(20)150～200 厚茅草屋面

$2\times2\div\sqrt{3\times4\div2\times4}=18.48\ (m^2)$

(21)650×200×200 防腐木柱

$0.65\times0.2\times0.2=0.03\ (m^3)$

(22)$\phi$20 粗麻绳绑扎

$0.34\times4\times4\times2\times4=43.52\ (m)$

# 参考文献


[1] 中华人民共和国住房和城乡建设部. GB 50500—2013,建设工程工程量清单计价规范[S]. 北京:中国计划出版社,2013.

[2] 中华人民共和国住房和城乡建设部. GB 50858—2013,园林绿化工程工程量计算规范[S]. 北京:中国计划出版社,2013.

[3] 中华人民共和国住房和城乡建设部. GB 50854—2013,房屋建筑与装饰工程工程量计算规范[S]. 北京:中国计划出版社,2013.

[4] 张建新. 园林工程造价员速学手册[M]. 北京:知识产权出版社,2011.

[5] 张微笑. 园林绿化工程清单计价培训教材[M]. 中国建材工业出版社,2014.

[6] 廖雯. 园林工程计价. 北京:中国建筑工业出版社,2013.

[7] 胡光宇. 园林工程计量与计价. 沈阳:沈阳出版社,2011.

[8] 王作仁,田建林. 园林工程招标投标与预决算. 北京:中国建材工业出版社,2007.

[9] 张国栋. 一图一算之园林绿化工程造价. 2 版. 北京:机械工业出版社,2014.

[10] 徐涛,卢鹏. 园林绿化工程预算知识问答[M]. 北京:机械工业出版社,2006.

[11] 王萍,付鹏飞. 建筑工程造价[M]. 天津:天津科学技术出版社,2013.

[12] 史静宇. 新版园林工程工程量清单计价及实例[M]. 北京:化学工业出版社,2013.

[13] 张国栋. 园林工程清单算量典型实例图解[M]. 北京:中国建筑工业出版社,2014.

[14] 廖伟平,孔令伟,等. 园林工程招投标与概预算[M]. 重庆:重庆大学出版社,2013.

[15] 张永君,等. 园林工程造价速成与实例详解[M]. 北京:化学工业出版社,2012.

[16] 李志刚. 园林工程造价指导[M]. 北京:化学工业出版社,2011.

[17] 上官子昌. 园林工程造价速学快算[M]. 北京:机械工业出版社,2011.

[18] 高蓓,赵明秀,等. 园林工程预算与清单计价[M]. 北京:化学工业出版社,2011.

[19] 常庆禄. 园林绿化工程计价[M]. 北京:中国矿业大学出版社,2011.